| 人 手 一 本 经 典 读 本 |

# 藏在课本里的美食地图

陈 峰 编著

山东人民出版社·济南
国家一级出版社 全国百佳图书出版单位

**图书在版编目（CIP）数据**

藏在课本里的美食地图 / 陈峰编著. -- 济南 : 山东人民出版社, 2021.6（2022.5重印）

ISBN 978-7-209-10591-0

Ⅰ.①藏… Ⅱ.①陈… Ⅲ.①饮食–文化–中国–青少年读物 Ⅳ.①TS971.2-49

中国版本图书馆CIP数据核字(2021)第072321号

**藏在课本里的美食地图**

CANG ZAI KEBEN LI DE MEISHI DITU

陈　峰　编著

主管单位　山东出版传媒股份有限公司

出版发行　山东人民出版社

出 版 人　胡长青

社　　址　济南市市中区舜耕路517号

邮　　编　250003

电　　话　总编室（0531）82098914

　　　　　市场部（0531）82098027

网　　址　http://www.sd-book.com.cn

印　　装　天津中印联印务有限公司

经　　销　新华书店

规　　格　16开（166mm×230mm）

印　　张　15

字　　数　186千字

版　　次　2021年6月第1版

印　　次　2022年5月第2次

ISBN　978-7-209-10591-0

定　　价　42.00元

# 共度好“食”光

小时候的我们，谁不是一枚吃货呢？掰着手指，期盼着节日的到来。看到美食，两眼放光，暗咽口水。课本里，汪曾祺笔下的“杨梅”红嘟嘟的，令人动心；莫泊桑笔下的“牡蛎”颤巍巍的，令人动情；鲁迅先生更是一位妥妥的美食家，他笔下的“茴香豆”“油豆腐蘸辣酱”“蒸干菜”，让人恨不能立刻飞到绍兴去尝个遍。

长大后才发现，原来，美食的背后都有一个故事，而故事往往又能再现一段历史。从小听着民间故事长大的我，现在已成为中国民间文艺家协会的会员，从前辈手中接过接力棒，通过自己的努力，保护和传承优秀传统文化。如今我又以著书的形式，把美食故事写给尚在求学的青少年朋友们，带他们领略丰富多彩的美食文化。

《藏在课本里的美食地图》以课本中的美食为线索，挖掘不同地域美食背后的历史文化，将散落在祖国大江南北的美食纳入其中。我们用宁波的年糕、黄岩的蜜橘、福建的鱼丸、松江的鲈鱼、云南的菌子、北京的烤鸭、新疆的葡萄、西藏的青稞等，绘成了一幅令人“垂涎”的美食地图，让青少年在了解饮食文化、品味传统民俗的同时，更加热爱生活、热爱家乡、热爱祖国，感悟博大精深的中华传统文化。

全书分为“节日的味道”“尝鲜山海间”“逛逛街边摊”“至味在家乡”四辑，书中每篇文章又分为“舌尖上的课本”“美食直通车”“知识杂货铺”“传统文化故事馆”四大板块。其中，“舌尖上的课本”是从引入课本原文开始，并对与这一原文相关的作者信息、内涵释义等进行简单介绍，进而引出其中涉及的主题食物；“美食直通车”是从主题食物的种类、制作方法、食用时节、地域分布等方面进行详细讲解，展现了不同地域食物背后的美食文化，丰富读者的知识储备；“知识杂货铺”收集了藏在美食中的地理、人物、历史、民俗等冷门小知识，拓展读者的视野；“传统文化故事馆”选取了与这一主题食物相关的知识，跳出课本，提升阅读的趣味感。我们还为每篇文章搭配了精美的手绘插图，希望能直观地向读者展现传统文化尤其是美食文化的魅力。

正如《礼记》所言，享受美食是“人之大欲”。一方水土养育一方人，美食沉淀了一方水土的民俗历史和人文传统，牵系着一方人对家乡的真挚情感。我们所品味的，与其说是美食，不如说是风情、人情和亲情。这大概就是美食的价值所在吧。让我们一起探寻隐藏在文字里的美食密码，共度好“食”光。

陈峰

2021年5月

# 目录

CONTENTS

## 第一辑 节日的味道

## 第二辑

## 尝鲜山海间

# 第三辑

## 逛逛街边摊

## 第四辑

## 至味在家乡

# 第一辑

# 节日的味道

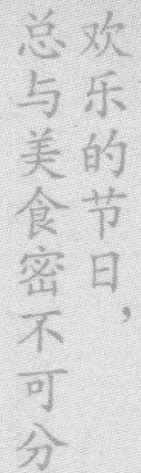

欢乐的节日，
总与美食密不可分。

# 饺子，“烧尾宴”上的高级美食

有一天约好我去包饺子吃，那还是住在法租界，所以带了外国酸菜和用绞肉机绞成的牛肉，就和许先生站在客厅后边的方桌边包起来。……

饺子煮好，一上楼梯，就听到楼上鲁迅先生明朗的笑声冲下楼梯来，原来有几个朋友在楼上也正谈得热闹。

——萧红《回忆鲁迅先生》

**选文《回忆鲁迅先生》是我国现代著名女作家萧红创作的回忆录，这里描写了“我”带着酸菜和绞好的牛肉去鲁迅先生家中，与鲁迅先生的妻子许广平先生一起包饺子的趣事。**

**饺子是中华民族的传统面点，对北方人来说，更是节日和团聚的代名词，冬至、除夕、大年初一、大年初五、正月十五等日子，**

饺子都是满足人们阖家幸福美好愿景的美食。很多专家认为，饺子是由馄饨演变而来的。馄饨原是饼的一种，内有夹馅，蒸、煮熟后食用，若以汤水煮之，则称为“汤饼”。这时的馄饨与水饺并无区别，宋代以后，饺子才逐渐从馄饨中剥离出来，“北饺子，南馄饨”的格局开始形成。在清代，据徐珂的《清稗类钞》记载，“京语谓元旦为大年初一，.....是日，无论贫富贵贱，皆以白面作角而食之，谓之煮饽饽”，可见当时上到达官贵族，下至普通百姓，都非常看重吃饺子。

## 美食直通车

美食小地图

我的名字：饺子

我的别名：扁食

美食坐标：去哈尔滨吃酸菜水饺、去广州吃水晶虾饺、去扬州吃蟹黄蒸饺。

我与地名那点儿事：西安饺子宴由108种不同馅料、形状和风味的饺子组成，与著名的仿唐菜点和牛羊肉泡馍一并被誉为“西安饮食三绝”。

饺子源于古代的角子，原名“娇耳”，是我国的传统面食，具有悠久的历史，深受人们喜爱。饺子又称“水饺”，是中国北方民

间的面食，也是年节食品。

## 小小水饺，名称不少

东汉时期，名医张仲景告老还乡后，看到很多穷苦百姓忍饥挨饿，耳朵都被冻伤了。他心生怜悯，决定想办法救救这些耳朵被冻伤的人。在冬至那天，他搭起医棚，舍药治伤。张仲景将羊肉和一些祛寒药材放在锅里煮熬，煮好后再把这些东西捞出来切碎，用面皮包成耳朵状的“娇耳”，下锅后煮熟，给耳朵冻伤的人们吃。他把此药取名为“祛寒娇耳汤”。大家吃完“娇耳”，喝过热汤，顿时身上血液通畅，浑身变暖，耳朵也不似从前那样痛痒。于是民间便有了“冬至不端饺子碗，冻掉耳朵没人管”的谚语。

饺子起源很早，出土的春秋时期的文物里就有包成三角形、里面有馅的食物。饺子在漫长的发展过程中，曾用名繁多，古时有“牢丸”“扁食”“饺饵”“粉角”等名称：三国时期称“月牙馄饨”，南北朝时期称“馄饨”，唐代称“偃（yǎn）月形馄饨”，宋代称“角子”，元代、明代称“扁食”，清代称“饺子”。

## 吃货的仪式感

饺子的特点是皮薄馅嫩，味道鲜美，形状独特，百食不厌，可煮、蒸、烙、煎、炸等。俗话说：“大寒小寒，吃饺子过年。”迈入腊月的门槛后，过年的气氛一日比一日浓。腊月二十三后，气氛更浓，人们张彩灯、贴对联、大扫除、祭祀，等待远方的亲人归家过团圆年。在中国北方，除夕最重要的活动就是全家老小一起包饺

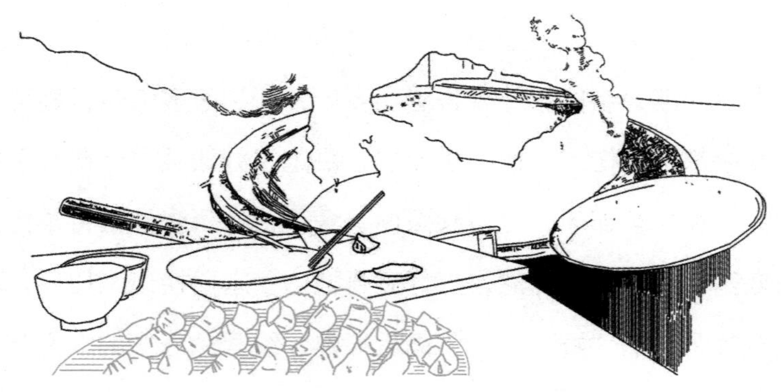

子，守岁吃饺子，取“更岁交子”之意，是极具仪式感的大事。另外，人们还会把花生、枣子、糖果、硬币作为馅料包进水饺，认为吃到这些特殊馅料的水饺，则预示着来年将好运连连。

其实，早在1000多年前的唐代，饺子就已经出现在重大宴席“烧尾宴”上了。当时的都城长安是唐代的经济文化中心，人们的生活水平不断提高，饮食文化也随之发展起来，“烧尾宴”就是当时流行的高级宴席。从一份保留到今天的“烧尾宴”食单中，人们发现了一道叫“二十四气馄饨”的美食，这种美食正是根据二十四个节气包成不同形状、不同馅料的饺子。所以，可能在唐代就已经有了今天饺子宴的雏形。

## 漂洋过海的饺子

饺子在中国不仅是一种美食，更是一种文化。它表达了人们对美好生活的向往与追求，深受人们的喜爱。中国各地有名的饺子

甚多，如广州用澄粉做的虾饺、西安的酸汤水饺、衡水的猪肉白菜饺、上海的锅贴煎饺、扬州的蟹黄蒸饺、南宁的米粉饺、沈阳的老边饺子、成都的钟水饺等，都是受人们欢迎的品种。

饺子不仅深受国人的喜爱，也深受其他国家人们的喜爱。在宋代，饺子还传到了蒙古，它在蒙古语中的读音类似于“匾食”。随着蒙古帝国的征伐，匾食漂洋过海传到了世界各地，出现了俄罗斯饺子、哈萨克斯坦饺子、朝鲜饺子等多个变种。如今，还有意大利饺子、英国饺子、土耳其饺子等。

## 知识杂货铺

**美食中的历史** **偃月形馄饨**——自古以来饺子和馄饨常常混称，文学家颜之推曾描绘了饺子的形状：“今之馄饨，形如偃月，天下通食也。”意思就是现在天下最普及的食物就是像偃月一样的馄饨。它实际上就是饺子。

**美食中的典故** **烧尾宴**——唐代长安城曾经盛行的一种特殊宴会。关于烧尾宴，有一种说法是，士子登科、新官上任或官员升迁，同僚、朋友及亲友前来祝贺，主人都要准备丰盛的酒馔和乐舞款待来宾，名为“烧尾”，并把这类筵宴称为“烧尾宴”。

## 传统文化故事馆

### 冬至除了吃饺子，还可吃馄饨

馄饨与饺子在今天已经是两种不同的美食，但在古代它们可是“近亲”呢，甚至考古学家认为饺子可能是从馄饨的初级形态演化而来的。那我们就来看一看跟馄饨有关的小知识吧。

谚语“冬至馄饨，夏至面”，馄饨除了是日常吃食外，还成了节令饮食。

据《燕京岁时记》记载：“夫馄饨之形有如鸡卵，颇似天地浑沌之象，故于冬至日食之。”这是说，馄饨的形状像鸡蛋，像天地浑沌（现多作“混沌”，谐音“馄饨”）时的样子。民间将吃馄饨引申为——打破混沌，开辟天地，迎接新生活。

还有一种说法是，汉代时，北方的匈奴经常骚扰边境，百姓不得安宁。当时匈奴部落中有浑氏和屯氏两个首领，十分凶残。百姓对他们恨之入骨，于是用肉馅包成角儿，取“浑”与“屯”之音，唤作“馄饨”。恨以食之，并祈求平息战乱，过上太平日子。因最初制成馄饨是在冬至这一天，所以以后冬至这天家家户户吃馄饨。

我国许多地方冬至有吃馄饨的风俗。南宋时，临安（今浙江杭州）就有每逢冬至吃馄饨的风俗。当时的文学家周密说，临安人在冬至吃馄饨是为了祭祀祖先。南宋以后，我国才开始盛行冬至食馄饨祭祖的风俗。

发展至今，馄饨制作方法各异，鲜香味美，遍布全国各地，是深受人们喜爱的地方小吃，且名号繁多。江浙等大多数地方称馄饨，而广东称云吞，湖北称包面，江西称清汤，四川称抄手，新疆称曲曲，等等。

# 年糕曾救过吴国人的命

舌尖上的课本 KEBEN

爸爸说："是的，就是平常吃的米糕。你知道这糕是怎么做成的吗？"

孩子说："是把大米磨成粉做的，还加了糖。"

爸爸说："是啊，大米是用农民种的稻子加工出来的。农民种稻子需要种子、农具、肥料、水……"

爸爸接着说："糖呢，是用甘蔗汁、甜菜汁熬出来的。甘蔗、甜菜也要有人种。熬糖的时候，要有工具，还得有火……就算米糕做好了，还得要人包装、送货、销售，这些又需要很多人的劳动。"

——沈百英《千人糕》

**选文《千人糕》出自《基本教科书国语第六册》，编纂者是儿童文学作家沈百英，现被收入小学语文课本二年级下册。文章通过**

爸爸给孩子讲述制作“千人糕”所需要的材料及过程，让孩子明白即使是一块平平常常的糕，也需要通过很多人辛勤劳动才能制作出来，向我们揭示了劳动成果是来之不易的，要倍加珍惜。

米糕另一个响亮的名字叫作“年糕”，是中华民族的传统食物。我国很多地方在农历新年的时候都会制作年糕，“年岁盼高时时利，虔诚默祝望财临”，在中国人看来，年糕是一种吉利的食品，同时与“年高”谐音，寓意小孩身高一年比一年高。

## 美食直通车

美食小地图

我的名字：年糕

我的别称：稻饼

美食坐标：去宁波吃糖炒年糕、去弋阳吃火锅年糕、去福州吃蒸年糕。

我与地名那点儿事：宁波一带的人们用年糕印版在年糕上压出“五福”“六宝”“金钱”“如意”等字样，象征吉祥如意、大吉大利。

“打年糕，挂灯笼，贴春联”是农村孩子们除夕夜前的欢愉。厨房里热气四处弥漫，长长的一溜儿竹桌子上摆放着刚出笼的年糕，孩子们追着闹着，再咬一口年糕，笑意甜进了心里。

## 舌尖上的黏味

年糕要想口感糯，需要配好粳米与糯米的比例，把米浸上七日七夜，碾成粉，粉蒸熟后，倒入为做年糕机器配置的桶中。制作师傅大力地舂着，雪白的年糕条就从桶中源源不断地流淌出来。只见制作师傅手起刀落，白白胖胖的年糕便一截一截地落在盘中，大小长短、平平整整。

年糕做得差不多时，把油炒榨菜丝或肉丝咸齑（jī）当馅子嵌在年糕团中间，裹起来吃特有味，糯滑不腻。年糕做好一周后，放入酒埕或缸甏（bèng），用水浸着贮藏，吃的时候还能保持风味。

谚语曰：“汁水年糕汤一镬（huò），吃嘞小舌头鲜落。”除夕谢年，全鸡、全鹅还有整刀的肉是少不了的，人们把它们放进尺八镬里汆熟，汤卤就是汁水。舀几勺汁水，兑些水加热，待滚开后，放入切好的年糕片，滚起，再放些许青菜，一碗漂着油花的年糕汤就做好了。白是白，绿是绿，孩子们一口气吃到撑圆了肚子，边打着饱嗝儿，边嚷着“年糕年糕年年高，一年更比一年好”。

## 传说年糕曾是“墙砖”

年糕在我国历史悠久，古人对其有“稻饼”“饵”“糍”等多种称呼。在汉代的《方言》、北魏的《齐民要术》、明代的《帝京景物略》、清代的《慈溪县志》中都能找到制作和食用年糕的记载。人们通常在春节来临之际食用年糕，寓意“年年高”，来年将步步高升、财源滚滚。

据说，年糕是从春秋战国时期的吴国都城姑苏（今江苏苏州）传开的。相传春秋末期伍子胥自刎后，越王勾践便举兵伐吴，将姑苏城团团围住。吴军困守城中，炊断粮绝，饿死不少人。这时有人想起伍子胥临死前对部下说的话：“如果国家有难，百姓断粮，你们到城墙下挖地三尺可得到粮食。”于是吴军便去挖城墙，挖至三尺深，挖到了许多可吃的“墙砖”，也就是年糕。吴军有了粮食，士气高涨，结果打了胜仗。原来当年伍子胥在督造姑苏城墙时，已做好了屯粮防饥的准备。后来，每逢过年家家户户都做年糕，除夕喝年糕汤，以此纪念伍子胥。

## 各地的特色年糕

宁波年糕也叫水磨年糕，生产历史悠久，距今已有上千年。它的食用方法很多，可蒸、煮、炒、炸、煎，可咸可甜。光炒年糕就可以做出几十个名堂来，比如番茄炒年糕、白菜炒年糕、鸡蛋炒年糕、青菜肉丝炒年糕等；年糕还可以与海鲜炒，身价倍增，比如白蟹炒年糕、鱿鱼炒年糕等。海鲜除了用来炒年糕，还可以用来煮年糕汤，更是美味无比，比如雪菜黄鱼年糕汤、鲜虾海鲜菇年糕汤等。

北方年糕除用糯米外，还会放一些杂粮，如北京年糕有馅糕、艾窝窝、豆渣糕、藕丝糕等品种。

清末紫禁城女官裕德龄在自传中写道，新年的时候，供奉佛祖和祖先用的年糕都是由慈禧太后亲手所做。太监们准备好米粉、糖、酵母，慈禧和女眷们和好面团后，就可以上锅蒸了。都说谁的年糕蒸得最高，谁的福气就最好，慈禧每年都是冠军。想必当年的太监为了哄慈禧高兴，在她的年糕里加了双份酵母吧。

江西弋阳年糕始于唐代，又称“弋阳大禾米粿”。它以弋阳大禾谷米为原料，采用“三蒸两百锤”的独特工艺制作而成，具有“洁白如霜、透明似玉、柔软爽滑、韧而不粘、久煮不煳”的特点，蒸、炒、煮皆可，食用方便，风味独特。

云南蒙自产糯米，所以那里的人们也擅长做年糕。年糕的种类一般有两种：一种是用红糖和玫瑰糖做成的红年糕，另一种是用白糖加火腿、芝麻、花生仁做成的白年糕。两种年糕的口感不相同，红年糕吃起来甜香软糯，而白年糕吃起来咸甜适中，既有火腿的咸香，也有年糕的甜润。

年糕是过年的应时食品，无论南方还是北方，具有代表性的除了上述几种，还有东北的黏豆包、塞北农家的黄米凉糕、江南水乡的水磨年糕、福建的红龟粿等。

正如清末的一首诗中所说："人心多好高，谐声制食品。义取年胜年，藉以祈岁稔（rěn）。"年糕不仅是一种节日美食，而且还寓意年年岁岁为人们带来新的希望。

## 知识杂货铺

**美食中的器具** 镬——古代煮牲肉的大型烹饪铜器，古时指无足的鼎。西汉以后，灶的使用日益广泛，炊具逐渐变成无足的釜了。烧肉用镬，食用时还配套有羞鼎、刀、匕等餐具。今南方称锅子为镬。

**美食中的人物** 伍子胥——春秋末期吴国大夫、军事家。伍子胥的父亲和哥哥被费无极谗害，为楚平王所杀。伍子胥从楚国逃到吴国，成为吴王阖闾的重臣，后协助孙武率兵攻入楚都，为父兄报了仇。后来吴王夫差听信太宰嚭（pǐ）谗言，派人给伍子胥送了一把宝剑，令其自杀。

## 传统文化故事馆

### 年兽与年糕的传说

关于春节做年糕的来历，有一个很古老的传说。

远古时期有一种怪兽称为“年”，一年四季生活在深山老林里，饿了就捕捉其他兽类充饥。可到了严冬季节，兽类大多都躲藏起来冬眠了。年兽非常饥饿时，就下山伤害百姓，把人充当食物，使百姓苦不堪言。

后来有个聪明的部落“高氏族”，每到严冬，预测年兽快要下山觅食时，便事先用糯米和杂粮混合做了大量食物，有的搓成一条条的挂在门上，有的揿（qìn）成砖形一块块地摆在门外，人们则躲在家里。年兽来到村子后找不到人吃，饥不择食，便用人们制作的粮食条块充饥，吃饱后又回到山上去了。

人们看怪兽走了，都纷纷走出家门相互祝贺，庆幸躲过了“年”这一关，平平安安，又能为春耕做准备了。这样年复一年，这种避兽害的方法流传了下来。因为粮食条块是高氏所制，目的是喂“年”渡关，于是人们就把“年”与“高”连在一起，称作“年糕”（谐音）了。

# 柑橘，险些被扔掉的美食

一年中最高兴的时节，自然要数除夕了。……

“哥儿，你牢牢记住！”她极其郑重地说。“明天是正月初一，清早一睁开眼睛，第一句话就得对我说：‘阿妈，恭喜恭喜！’记得么？你要记着，这是一年的运气的事情。不许说别的话！说过之后，还得吃一点福橘。”她又拿起那橘子来在我的眼前摇了两摇，“那么，一年到头，顺顺流流……。”

——鲁迅《阿长与〈山海经〉》

选文《阿长与〈山海经〉》是现代思想家、文学家、革命家鲁迅先生创作的一篇回忆性叙事散文。文章叙述了鲁迅儿时与保姆长妈妈相处的情景，突出了她迷信无知却淳朴善良的人物特点。选

文着重描写了长妈妈对大年初一说吉利话、吃福橘的事格外重视。中国民间自古便有过年吃福橘的民俗，因为福橘色泽鲜艳，果汁香甜，“橘”又与“吉”谐音，有招福纳吉、福寿吉祥之意，因此备受人们喜爱，是春节期间的重要水果。

橘子在我国种植历史悠久。战国时期，楚国的爱国诗人屈原为后世留下了一首《橘颂》，他在歌颂柑橘的同时，还抒发了自己追求美好品质和理想的坚定情怀。西汉司马迁在《史记》中记载了荆楚之地盛产“橘柚”：“齐必致鱼盐之海，楚必致橘柚之园。”苏轼也曾作《浣溪沙·咏橘》，词的结尾写道，“吴姬三日手犹香”，用夸张的手法突出了柑橘的香。

## 美食直通车

美食小地图

我的名字：橘子

我的别称：大橘（谐音“大吉”）

美食坐标：去黄岩吃蜜橘、去温州吃蜜柑。

我与地名那点儿事：浙江临海的涌泉镇是著名的“无核蜜橘之乡”，那里的蜜橘汁多水甜，肉质脆嫩，皮薄无核，可谓“天下第一奇，吃橘带皮不吐籽”。

橘子原产中国，有数千年的栽培历史，由阿拉伯人传遍欧亚大陆，橘子至今在荷兰、德国都还被称为“中国苹果”。黄岩、宜昌、赣南、金华、怀化、石门、江津、眉山、温州、三门十地被称为“中国十大柑橘之乡”。其中黄岩蜜橘驰名中外，是世界柑橘始祖之一，在公元3世纪已有黄岩蜜橘的史料记载。北宋欧阳修等编撰的《新唐书·地理志》记载：“台州临海郡……土贡：金漆、乳柑、干姜、甲香、蛟革、飞生鸟。”由此可知，公元7世纪，黄岩乳柑已作为贡品敬献给皇帝了。

### 随手“扔”出来的蜜橘

黄岩蜜橘属宽皮橘类，扁圆形，果皮橙黄色，有香气，皮薄光滑，果肉汁多，甜酸适口。

十大柑橘之乡中浙江省占四席，除了黄岩，还有温州、金华、三门。而温州蜜柑的身世富有传奇色彩，它源于瓯柑，还有一段中日文化经济交流的佳话。

15世纪初，日本高僧智惠到天台国清寺进香，取道温州乘船回国。在温州，他品尝了美味的瓯柑，带回几篓到日本寺院。和尚们分食后，把瓯柑的籽随意一扔，没料到第二年春天竟抽芽长出了柑苗。几年后，柑苗成树，开花结果。在这些瓯柑树中，他们发现有一株结出的瓯柑无核，通过嫁接，几经改进，培育出无核柑的新品种。因为来源于温州瓯柑，所以定名“温州蜜柑”。温州蜜柑在日本生长了400余年后，柑苗由留学生带回中国。

## 让苏轼盛赞的瓯柑

据记载，瓯柑在三国时期便闻名遐迩，曹操曾派人到永嘉运送四十担瓯柑。从北宋开始，元宵节宫廷中便流行“传柑”习俗，皇帝将瓯柑赠予大臣，送“大柑”即送“大官”，取谐音之意。苏轼曾作过一首《戏答王都尉传柑》诗：“侍史传柑玉座旁，人间草木尽天浆。寄与维摩三十颗，不知薝卜（zhānbo）是余香。”诗中将瓯柑比作天上瑶池里的玉液琼浆。更有诗歌记载，“谁知包贡宣和日，一颗真柑值二千”，足见当时瓯柑的珍贵。明代文学家刘基在《卖柑者言》中，借柑讽官，还留下了“金玉其外，败絮其中”的传世名句。

瓯柑外皮凹凸不平，剥开柑皮，十来瓣柑瓤紧抱在一起，柑瓤外裹着一层白柑络。再剥开，取月牙儿般一小瓣，水水的、胖胖的。阳光下，透过瓤皮，可以看见里面的金色汁水。初食瓯柑，入口微苦，果肉苦中带甜，甜中带酸，细细咀嚼，汁水滑过舌头，缓缓咽下，像一泓甘泉流进心里，唇齿间留一脉醇香，让人回味无穷。到了八月，瓯柑皮紧缩得皱巴巴的，橘肉色泽如蜜，柔韧如枣，放进嘴里咬破，汁水甜如蜜，之后苦味微微渗出，直至苦尽甘来，甜味更浓郁了。难怪宋代张世南在《游宦纪闻》中发出“永嘉之柑，为天下冠”的感叹，直至元、明、清三代，瓯柑仍被列为贡品。

蜜橘除了鲜吃外，还可以做成橘子罐头、果汁、果酒、蜜橘茶、橘子布丁、柑饼等。

在民间，橘子别称大橘，与“大吉”谐音，是春节看望亲朋好友的必备礼物。王羲之在《奉橘帖》中记载：“奉橘三百枚，霜未降，未可多得。”寥寥12字，绵绵情意尽在其中。

橘子和柚子杂交的果实便是橙子，其栽培历史悠久。南宋韩彦直的《橘录》是我国历史上最早的柑橘专著，也是第一次将柑橘类大家族区分为柑、橘和“橙子之属类橘者”三大类，其中柑8种，橘14种，“橙子之属类橘者”5种，共27种。这说明到了南宋，柑橘的种植品类已经非常丰富了。

橙子酸甜多汁，吃法五花八门，可以剥开直接吃，也可以蘸盐吃，还可以煮着吃、蒸着吃。北宋词人周邦彦在词中写道：“并刀如水，吴盐胜雪，纤手破新橙。”美人的纤手执着并州刀，将橙子轻轻划开，剥出橙肉蘸着吴地盐，别有一番滋味。

## 知识杂货铺

**美食中的历史** 台州临海郡——吴太平二年（257年），分会稽郡东部置临海郡，隶属扬州，郡治在浙江临海。《新唐书》中所说的此地贡品中，金漆是一种在建筑上涂画的含金粉的染料；乳柑是良种蜜橘；干姜为姜科植物姜的干燥根茎，可做中药；甲香为蝾螺科动物蝾螺或其近缘动物的掩厣（yǎn），可入药，也可做合香原料；蛟革是鲨鱼的皮；飞生鸟是一种形似鼯鼠的飞鼠，也可入药。

**美食中的植物** 薝卜——花名。《本草纲目·木三》："木丹，越桃，鲜支，花名薝卜。"又引苏颂曰："木高七八尺，叶似李而厚硬，又似樗蒲子，二三月生白花，花皆六出，甚芬香，俗说即西域薝卜也。"

## 传统文化故事馆

### 橙子与金凤凰的传说

关于橙子，有一个美丽的传说。相传很久以前，一只金凤凰遇到一只凶悍无比的恶鹰。在搏斗中，金凤凰受了伤，落在鹿鸣山（位于浙江衢州）上。这时，一位砍柴的樵夫，在荆棘中发现了这只受伤的金凤凰。樵夫小心翼翼地把金凤凰抱回家中，帮它清洗伤口，敷药治伤，精心喂养。不久，金凤凰的伤痊愈了，身体也逐渐强壮起来。为了报答恩人，金凤凰衔来了一粒金色的种子，埋在樵夫的墙院里。

冬去春来，这粒金色的种子生根发芽了。樵夫精心地培育这棵稚嫩的幼苗，给它浇水施肥，除草松土。几年下来，小苗长成一棵大树，在春天绽开了一树雪白的花朵，散发出馥郁的清香。花落后就结出了一颗颗小果子。到了秋天，金灿灿的果子成熟了。樵夫摘下一颗熟透的尝了尝，香甜可口，味道极佳，于是他兴奋地告诉乡亲们，并用它的种子继续繁殖。就这样，衢州柯城航埠一带成了知名的“橙乡”。

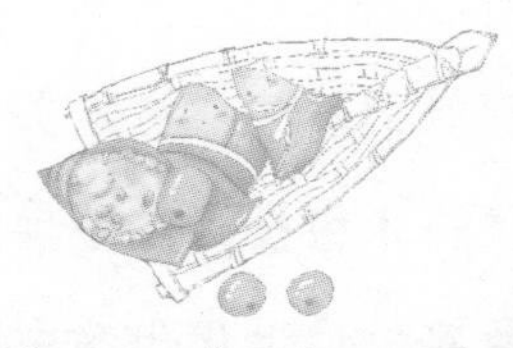

# 粽子最早竟与屈原无关

一到端午节，外婆总会煮好一锅粽子，盼着我们回去。

粽子是用青青的箬竹叶包的，里面裹着白白的糯米，中间有一颗红红的枣。外婆一掀开锅盖，煮熟的粽子就飘出一股清香来。剥开粽叶，咬一口粽子，真是又黏又甜。

——屠再华《端午粽》

选文《端午粽》出自作家屠再华的童年散文集《嘟嘟糖和小雪灯》，现被收入小学语文课本一年级下册．文章以儿童的口吻生动地向我们介绍了粽子的样子、味道和花样。

粽子是中华民族的传统节庆食品，每年五月初五的端午节，为纪念2000多年前投江的诗人屈原，许多人家都会浸糯米、洗粽叶、包粽子．不过，起初粽子与屈原无关，而将屈原与端午节包粽子联系起来是南北朝以后，百姓们哀叹空有抱负的屈原投江自尽，不想让鱼虾啃食他的身体，便将米粮投入江中供鱼虾食用。这是人们因为怀念屈原而编出来的故事，世世代代的中国人用手的温度呵护着传统食物的生命力，就像《舌尖上的中国》所说，“技术的进步使得粽子不再局限于地域和时令，但是对中国人来说，顺应自然，亲手做合适的食物更意味着对传统生活方式的某种延续”。

## 美食直通车

美食小地图

我的名字：粽子

我的别称：角黍

美食坐标：去嘉兴吃火腿粽、去宁波吃碱水粽、去北京吃豆沙粽。

我与地名那点儿事：湖州粽呈特有的长条形，形似枕头，故有“枕头粽”之称；又因其颇具线条美，中间凹，两头翘，故又有“美人粽”之称。

江南的乡下，很多人家门口都种这种花：枝干高大，花朵长得高高低低，红的叫“一丈红”，白的叫“一丈白”。它们的学名叫蜀葵，蜀葵开了，端午节就到了。

此时，正是乡村最美的时光，花开得正绚烂，草摇得正袅娜。小孩子们早已换上凉鞋，在村里跑来跑去。孩子们贪凉，并不知道有句谚语叫“吃了端午粽，还要冻三冻”。端午过后，虽然大部分地区暖和了，但会随时降温，所以还是要注意保暖，这是流传于江南民间的农谚。北方也有一条关于端午的谚语——“癞蛤蟆躲不过五月五”，说的是北方有农历五月捉癞蛤蟆的习俗。汉代便有“蟾蜍辟兵”的说法，古人认为蟾蜍（癞蛤蟆）可以用来施展“辟兵术”，用蟾蜍做成的标本可以刀枪不入，涂抹了蟾蜍血的兵器可以威力大增。后来，人们发现了蟾蜍的药用功能，知道它有毒，且端午节前后的蟾蜍毒性最大，最适合入药。于是，端午捉癞蛤蟆的习俗就保留下来了。

## 粽子和牛角的“缘分”

不过，说到端午节，包粽子、吃粽子是南北方都有的习俗。

搬出大桌子，箬叶、线绳、剪刀各就各位，把头夜浸过水的糯米沥干拌入碱水，雪白的糯米变成了淡黄色。摊开箬叶，卷成漏斗状，加入糯米，按紧，将上面的箬叶折下，盖好漏斗，包裹完多余的箬叶，反折上去，最后用线绑扎，一个粽子就包好了。粽子要焐过一夜才稠，翌日，因碱水浸泡的缘故，剥去外壳的粽子，晶莹犹如田黄石，清香扑鼻而来，吃起来又糯又稠。

粽子的形状多种多样，有三角锥形的，有四角枕形的，还有牛角形、马蹄形、塔形……不过，最早的粽子只有一种形状，便是牛角形，人们称作“角黍”。“黍”就是我们今天说的小米，在古代，小米是北方的一种重要作物，所以祭祀的时候黍饭是不可或缺的祭品。而公牛也是当时的重要祭品，公牛、角黍在祭祀中被赋予了重要意义，人们便将二者“组合”，将黍饭包成牛角的形状，用以祭祀。根据西周时期的记载，人们在夏至和端午时节，都会用菰（gū）叶包裹黏米、黍米，制成牛角模样的角黍，煮熟后食用。

晋代，粽子就被定为端午的节令食物，还作为礼品相互赠送。到了唐代，粽子还传入日本，被称为“大唐粽子”。宋代出现了以果品为馅料的粽子，苏轼在诗里写过“时于粽里得杨梅”。到了明清时期，粽子的种类更加丰富，而且成了吉祥食品。相传，那时凡参加科举考试的学子们，在去考场前，都要吃家中特意给他们包的细长的、像毛笔一样的“笔粽”，取其谐音“必中”，以讨个口彩。

## 古代也有“甜咸之争”

粽子的馅料和口味千差万别，但总体分为甜、咸两大派。江南的粽子多以鲜肉、火腿、蛋黄为馅，有的地方选择用酱油或卤汁浸泡糯米后再包馅，没有馅的则叫碱水粽。而北方的粽子多以果脯、小枣、红豆为馅，煮熟后蘸白糖吃。古代有没有甜、咸粽子之争呢？

《齐民要术》中介绍了三种粽子，分别为碱水蘸糖粽、糯米红枣栗子粽和用无花果做馅的甜粽。到了唐代，官府为端午节设立假日，甜粽也成了极为流行的美食。曾任宰相的韦巨源留下了一份《烧尾宴食单》，在这份华丽的食单中，有一道“赐绯含香粽”。唐初，绯色为五品以上官服服色。这种粽子含有红色花木提炼出的香料，是官府餐宴名品，故称“赐绯”。剥开粽衣，淋上蜂蜜，即可食用。而如今陕西的蜂蜜凉粽子，就延续了这种吃法。

而咸粽的记载出现较晚，较为有代表性的是清乾隆时期常年居于江南的袁枚在《随园食单》中记载的扬州洪府粽子：“洪府制粽，取顶高糯米，捡其完善长白者，去其半颗、散碎者。淘之极熟，用大箬叶裹之，中放好火腿一大块，封锅闷煨一日一夜，柴薪不断。”对于吃货而言，没有必要纠结甜、咸粽子哪个更胜一筹，好吃最重要。

端午当天，除了吃粽子，家家户户的大门拉手上都挂起蕲（qí）艾和菖（chāng）蒲。蕲艾和菖蒲都是草本植物，有香味。手巧的大人把菖蒲根折成人形或动物形，挂在小孩身上或摇篮边，传说可以辟邪，是吉祥之物。

## 知识杂货铺

**美食中的植物** 菰叶——一种常见的水生植物菰的叶子，可以包角黍。菰的果实菰米的食用可以追溯到3000多年前的周朝，是供帝王食用的六谷之一。感染了黑粉菌的菰，茎部不断膨胀形成肉质茎，就是另一种美味的食物——茭白。

**美食中的民俗** 蕲艾和菖蒲——《红楼梦》里关于端午习俗有

这样的描述——“蒲艾簪门，虎符系臂”。“蒲艾簪门”就是将菖蒲、艾草挂在门上防虫驱邪；“虎符系臂”是指在布条上画上小老虎，可系在手臂上，或用绫罗绸缎制成小老虎，系在小孩身上，以辟邪祈福。

## 传统文化故事馆

### 东南亚国家的吃粽习俗

东南亚很多国家都有端午节吃粽子的习俗，有学者认为这跟汉光武帝刘秀有一定的关系。东汉年间，汉光武帝派伏波将军马援（没错，就是那位“马革裹尸”的将军）南征交趾（今广东、广西的大部和越南的北部、中部）。由于大批汉军在当地居住，就将中原端午节吃粽子的习俗带到了那里。2000多年过去了，粽子这种美食，在当地依然盛行。

越南的粽子多用芭蕉叶包裹，将糯米捏成团，加入椰丝、红豆等馅料，煮熟后蘸蜜或糖食用。越南人也喜欢吃颇具闽粤风味的咸粽，粽子里加入虾仁、咸蛋黄、瘦肉等馅料。

缅甸人爱吃粽子，所以不局限在特定的节日食用，除了用椰蓉做馅，人们还喜欢在糯米里裹香蕉，香气扑鼻，软糯味甜。

泰国的粽子多是鸡蛋大小，以甜味为主。包粽子前，先将糯米浸泡在椰汁里，便有了椰子的清香。

印度尼西亚人对粽子的馅料十分讲究，除了各种新鲜鱼肉，香肠、火腿、腊肉等也是人们喜欢的馅料。除此之外，印度尼西亚的粽子是用粳米做的，比糯米更容易消化。

# 重口味的汤圆你吃过吗

元宵（汤圆）上市，春节的又一个高潮到了。……元宵节，处处悬灯结彩，整条大街像是办喜事，火炽而美丽。有名的老铺都要挂出几百盏灯来：有的一律是玻璃的，有的清一色是牛角的，有的都是纱灯；有的通通彩绘《红楼梦》或《水浒传》故事，有的图案各式各样。

——老舍《北京的春节》

《北京的春节》是现代作家、人民艺术家老舍先生的一篇散文，文中用地道的北京话描写了最热闹的春节，从腊月初一直写到正月末，描绘了一幅幅老北京春节民俗民风的画卷。

我们从春节期间的各色美食中选取了极具代表性的元宵，因为正月十五也是我们的传统节日，这一天餐桌上的主角，必是一碗热气腾腾的元宵。

正月即元月，古人称夜为“宵”，而十五那天正是新年里第一个月圆之夜，所以人们格外重视。按照民间的传统习俗，在这一天，人们上街观花灯、猜灯谜、吃元宵，合家团聚，其乐融融。因为赏灯的习俗，元宵节又被称作“灯节”。

元宵这种南北皆宜又代表团圆吉祥的美食，有很多有趣的故事。

## 美食直通车

美食小地图

我的名字：汤圆

我的别称：浮圆子

美食坐标：去兴义吃鸡肉汤圆、去苏州吃五色汤圆、去天津吃蜜馅汤圆。

我与地名那点儿事：云南省镇雄县盛行一种外观上独树一帜的三角汤圆，有三个角，前后呈鼓形，貌如小鹅的腹部。

宁波人在过年前就会买来糯米，泡软沥干后去磨米粉。糯米缓缓旋转下去，用勺子往里加水，雪白的糯米浆便流淌出来。磨出来的糯米粉，称为汤果粉，再加入一些洋粉，和成包汤圆的面团。

馅料是用文火炒过的黑芝麻，碾碎后，放入猪板油、绵白糖，然后使劲搅拌，等它们充分混合后，再捏成小团。包汤圆的做法与包饺子类似，将糯米小面团压成圆饼，加点馅料，收口后在掌中一撮即可。

### 汤圆与元宵的PK

和南方“包汤圆”不同，北方则称为“滚元宵”。虽说“南汤圆，北元宵”，很多人认为二者只是同一种食物的不同叫法，但其实二者并不完全一样。

拌好元宵的馅料，擀成圆薄饼，晾干后切成一厘米见方的小块，蘸上水再放入盛满糯米粉的笸箩里，一边滚动一边洒水，馅料块便会像滚雪球一样越来越大。糯米粉慢慢沾在馅料块表面，逐渐变圆、变大，变成球状，就成了元宵。

正月初一这天，宁波人的早餐通常是汤圆，第一碗汤圆要敬灶王爷，然后一家人围坐在一起吃汤圆，象征从新年第一天起一家老小团团圆圆、和和美美。吃过初一的汤圆，又盼望着元宵节早点到来。“拜岁拜嘴巴，坐落瓜子茶，猪油汤团烫嘴巴……”这首古老的童谣，生动地描绘出宁波人对特色小吃猪油汤圆的独特情感。

### 古代的元宵节也是情人节

据文献资料和民间传说，西汉时人们便十分重视正月十五元宵节。传说元宵节是汉文帝刘恒为纪念“平吕”而设。汉高祖刘邦死后，吕后专权，把持朝政。吕后病死后，以吕禄为首的吕家人竟想

夺取江山。幸好刘氏宗室齐王刘襄联合老臣周勃、陈平等人，平定了诸吕之乱。平乱后，刘邦的第四子刘恒登基，史称汉文帝。汉文帝便把平息叛乱的这一天（正月十五）定为普天同庆的节日，这天家家户户张灯结彩，以示庆贺。

节日形成之初，只称正月十五、正月半或月望，隋代以后称元夕或元夜。唐初受了道教的影响，又称上元，唐末才偶称元宵。

南北朝时期，元宵节点灯的风俗盛行，发展到隋代更盛。隋炀帝本人也喜好燃灯求佛，为此还写过一首诗描绘当时的盛况："灯树千光照，花焰七枝开。月影凝流水，春风含夜梅。"

唐代元宵节的一些习俗起源于汉代祭祀太一天神的活动，不但张灯祭神，还有三天法定假日，并取消宵禁，把春节的气氛推到最高潮。人们可以走上街头，彻夜狂欢，连女子也积极参与。这样的氛围和机会，遇到心上人的概率自然就增加了。所以在古代，元宵节也是情人节。

到了宋代，元宵节的法定假日变成了五天小长假。青年男女约会的氛围更浓，连豪放派词人辛弃疾都吟出了"众里寻他千百度，蓦然回首，那人却在，灯火阑珊处"这样的句子。

明代是历朝历代最重视元宵节的，永乐年间元宵假期激增到十天，正月十五前后还要举办大型的庆典活动。苏州市虎丘乡（现虎丘区）新庄出土的《明宪宗元宵行乐图》就描绘了宫中人物模仿民间习俗放烟花爆竹、闹花灯、百戏巡游、鳌山灯会等情景。

## “出圈”的重口味汤圆

一般认为，从宋代开始便有元宵节吃元宵的习俗，当时人们把这种食物称作“浮圆子”。宋代周必大的《平园续稿》中写道：“元宵煮食浮圆子，前辈似未曾赋此，坐间成四韵。”

我国幅员辽阔，不同地方的元宵也各具特色。

“众家皆甜，唯我咸鲜”说的便是贵州兴义的鸡肉汤圆。将鸡肉剁碎加入食盐等调料，用糯米皮包裹，还要搭配兑入芝麻酱的鲜鸡汤，把鸡肉的鲜与糯米的糯完美结合起来，油而不腻的鸡肉汤圆就可以出锅了。

苏州的五色汤圆绝对是颜值最高的，用胡萝卜、南瓜、菠菜、紫薯榨汁和糯米做成汤圆皮，包裹上豆沙、芝麻、桂花等馅料。五色对应五福，营养与品相俱佳。

酒酿元宵是江南地区的传统特色小吃。100多年前，名点师傅裴玉高将酒酿加入圆子之中，始创酒酿元宵，酒香四溢，清甜爽口。

广东潮汕地区的四式汤圆，将绿豆、红豆、糖冬瓜、芋头分别煮熟或蒸熟去皮，然后分别加入白糖、芝麻、熟猪油等调味品制成四种馅料，再用糯米皮包裹，并做上记号。用糖水煮熟后，每个碗内装不同馅料的汤圆各一个，四种味道各异。

四川的心肺汤圆以重口味“出圈”，将糯米制成粉浆，去水揉成圆饼煮熟，再与未煮的米浆和匀揉透，以猪肉为馅。把包好的汤圆放入锅内，煮熟并盛出汤圆后，再加入辣椒油、盐、心肺码子等调味品，一碗心肺汤圆便做好了。汤圆色白，汤汁略红，造型美观，糍糯软滑。

总之，元宵首选必定是甜的，如北京的黑芝麻元宵、山东的枣泥元宵，香甜爽口。但汤圆的馅可甜可咸，可荤可素，比如成都的赖汤圆，和馅时加入鸡油，浓香味美。《随园食单》中记载过用萝卜和麻油、葱、酱煎炸或汤煮的萝卜汤圆。还有一种水粉汤圆，则是用去筋捶烂的猪肉加松子、核桃、秋油制作而成，更为精致。

每到元宵节，吃着软糯香甜的元宵，便想起上学时背过的宋代诗人姜夔的一首诗："元宵争看采莲船，宝马香车拾坠钿。风雨夜深人散尽，孤灯犹唤卖汤元。"汤圆历经漫漫岁月流传至今，难怪它的滋味是那般悠长。

## 知识杂货铺

**美食中的民俗** 灶王爷——民间祭灶神有着悠久的历史，传说腊月二十三这天是家里的灶王爷（灶神）上天向玉皇大帝汇报人间全年情况的日子。因此祭灶神就是要给灶神好处，如用灶糖或汤圆把灶神嘴巴粘住、用酒把灶神灌醉等，好让灶神上天之后替人们多说点好话。

**美食中的节日** 上元节——上元节的由来，据《岁时杂记》记载，与道教有关。道教把一年中的正月十五称“上元”、七月十五称“中元”、十月十五称“下元”，合称“三元”。“上元”含有新一年第一次月圆之意，南宋吴自牧在《梦粱录》里写道：“正月十五日元夕节，乃上元天官赐福之辰。”

**美食中的人物** 赖汤圆——据说赖汤圆始创于1894年，创始人是四川资阳人赖元鑫。赖元鑫早年父母双亡，为谋生在成都街边卖汤圆。他的汤圆粉子磨得细，芯子糖油重，顾客时常慕名而来。为了回报桑梓（故乡），他还多次资助学校，在当地传为美谈。即使已经过去100多年，赖汤圆依然保持着老字号的优良品质，是成都久负盛名的小吃之一。

## 传统文化故事馆

### 元宵节来历的传说：东方朔与元宵姑娘

汉武帝刘彻有个宠臣名叫东方朔，聪明善良。传说有一年冬天，下了几场鹅毛大雪，雪景映着红梅簇簇，格外好看，东方朔想折几枝梅花献给武帝。刚走进御花园，便发现有个泪流满面的宫女准备投井，东方朔急忙上前搭救，并询问原因。

原来这个宫女名叫元宵，因为思念双亲和妹妹，觉得此生很难再见到他们，便想一死了之。东方朔听后，十分同情她，便向她保证一定设法让她和家人团聚。

东方朔出宫后，在长安的街上摆了一个占卜摊，很多人争相卜卦。不料，每个人所占所求，都是“正月十六火焚身”的签语。这时东方朔说：“正月十五傍晚，火神君会派一位赤衣神女下凡，她就是奉旨烧长安的使者，我把抄录的偈语给你们，可让当今天子想想办法。”说完，他便扔下一张红帖，扬长而去。老百姓拿起抄了偈语的红帖，赶紧送到皇宫去禀报皇上。

汉武帝接过来一看，只见上面写着“长安在劫，火焚帝阙，十五天火，焰红宵夜”，他心中大惊，连忙请来东方朔解答。东方朔假意一想，说：“听说火神君最爱吃汤圆，宫女元宵不是经常给您做吗？正月十五晚上让元宵做好汤圆，并传令京都家家户户都做汤圆，一齐敬奉火神君。再传谕臣民一起在十五晚上挂灯，满城点鞭炮、放烟火，看起来像满城大火，就可以瞒过玉帝了。此外，通知城外百姓，十五晚上进城观灯，混杂在人群中消灾解难。”武帝听后，传旨照东方朔的办法去做。

到了正月十五晚上，长安城张灯结彩，人来人往，热闹非常。宫女元宵的父母也带着妹妹进城观灯。当他们看到写有“元宵”字样的大宫灯时，惊喜地高喊：“元宵！元宵！”元宵听到喊声，终于和家人团聚了。

这一夜果然平安无事，汉武帝大喜，下令以后每年正月十五都做汤圆祭祀火神君，全城挂灯放烟火。因为宫女元宵，所以人们便把这种糯米小汤圆命名为“元宵”，这一天就叫作“元宵节”。

# “太师饼”是怎么变成月饼的

啊！中秋节，在我的故乡，现在一定又是家家门前放一张竹茶几，上面供一副香烛，几碟瓜果月饼。孩子们急切地盼那炷香快些焚尽，好早些分摊给月亮娘娘享用过的东西，他们在茶几旁边跳着唱着：“月亮堂堂，敲锣买糖……”或是唱着：“月亮嬷嬷，照你照我……”我想到这里，又想起我那个小同乡，那个拖毛竹的小伙儿，也许，几年以前，他还唱过这些歌吧！

——茹志鹃《百合花》

选文《百合花》是当代著名女作家茹志鹃的短篇小说，故事以解放战争为背景，描写了一位同乡通讯员送“我”这个文工团女战士去前线包扎所，并向一位刚过门三天的新媳妇借被子的小事。当时正值中秋之夜，乡干部送来几个干菜月饼，让“我”在紧张的炮火中体会到了一丝节日的温馨。后来，小通讯员为保护担架队撤离而牺牲，新媳妇将象征着纯洁感情、撒满百合花的被子盖在了这位年轻战士的身上……

选文中，“我”一边品尝着月饼，一边想着老家过中秋节时的景象。中秋节起源于上古时期，普及于汉代，定型于唐代初年，盛行于宋代。宋代之后便有赏月、吃月饼等习俗。月饼又称团圆饼，是中秋节的传统小吃，发展至今，月饼已被当作象征团圆的节日食品。

## 美食直通车

美食小地图

我的名字：月饼

我的别称：小饼

美食坐标：去广东吃朥（láo）饼、去云南吃鲜花月饼、去山西吃晋式月饼。

我与地名那点儿事：在福建龙岩，吃月饼时，人们会在中心挖出直径两三寸的圆饼供长辈食用。

月饼象征团圆，最初是用来拜祭月神的供品。祭月，是我国一种十分古老的习俗，是古人对月神的一种崇拜。传说，月神的名字有很多种，如月姑、太阴星君、月宫娘娘，还有嫦娥。无论哪种说法，月神都是女性，这与我国古代传说“女属阴而男子属阳”有关，所以还有“男不拜月，女不祭灶”的说法。

## 月饼最早叫“太师饼”

月饼作为拜祭月神的供品，历史悠久。据史料记载，早在殷周时期，江浙一带就有一种纪念太师闻仲的边薄心厚的“太师饼”，据说此乃中国月饼的“始祖”。

“月饼”一词，现存文献最早收录于南宋吴自牧的《梦粱录》中。宋代大诗人苏轼有诗句“小饼如嚼月，中有酥与饴”，由此可知宋代时的月饼已用酥油和糖做馅了。

到了明代，中秋节吃月饼的习俗更加普遍。沈榜的《宛署杂记》载：“士庶家俱以是月造面饼相遗，大小不等，呼为月饼。”刘若愚的《酌中志》载：“八月，宫中赏秋海棠、玉簪花。自初一日起，即有卖月饼者……至十五日，家家供月饼、瓜果……如有剩月饼，仍整收于干燥风凉之处，至岁暮合家分用之，曰团圆饼也。”经过明代，中秋节吃月饼、馈赠月饼风俗日盛，且月饼有了团圆的象征意义。

清代，中秋节吃月饼已成为一种普遍的风俗，且月饼的制作方法也越来越高超。诗人袁枚在《随园食单》中介绍道：“用山东飞面，作酥为皮，中用松仁、核桃仁、瓜子仁为细末，微加冰糖和猪油作馅，食之不觉甚甜，而香松柔腻，迥异寻常。”《红楼梦》中提到的“内造瓜仁油松穰月饼”应该与袁枚所说的制作方法类似。

到了现代，月饼在质量、品种上都有新的发展，原料、调制方法、形状等的不同，使月饼种类更为丰富多样。馅心有苔菜、五仁、核桃、芝麻、莲蓉、火腿、蛋黄、水果等，因此形成了京式、苏式、广式、滇式等各具特色的品种。中秋节赏月和吃月饼也成了中国各地过节的习俗，俗话说："八月十五月正圆，中秋月饼香又甜。"

## 中秋节的习俗可不止吃月饼

四川人过中秋节除了吃月饼外，还要打糍粑，杀鸭子，吃麻饼、蜜饼等。在老北京习俗里，中秋节会给孩子买"兔儿爷"。拜兔儿爷的习俗起源约在明末，泥做的兔首人身，身披甲胄，插护背旗，寓意平安吉祥。到了清代，兔儿爷的功能就不再是祭祀，而是变成儿童在中秋节的玩具。

江南一带的中秋节习俗也是多种多样的。南京人除吃月饼外，还必吃金陵名菜桂花鸭，合家赏月称"庆团圆"，团坐聚饮叫"圆月"，出游街市称"走月"。宁波人过中秋节，不是在八月十五而是在八月十六。据说，明代中叶，戚继光率军在明州（今浙江宁

波）沿海一带平定倭寇，于中秋之夜与倭寇大战，大获全胜。于是，第二天晚上，军民同庆抗倭胜利，并补过中秋佳节，此后，宁波的百姓便将中秋节改期至八月十六，且一直延续至今。

与之相似的还有一个习俗——“追月”。俗话说“十五的月亮十六圆”，过了八月十五，人们兴犹未尽，在第二天晚上还会有不少人邀约亲朋好友，继续赏月，名为“追月”。据清人陈子厚《岭南杂事钞》序云：“粤中好事者，于八月十六日夜，集亲朋治酒肴赏月，谓之追月。”

## 知识杂货铺

**美食中的民俗** 祭月——古代，每逢中秋夜都要举行祭月仪式，并设大香案，摆上月饼、水果等祭品。在月下，将月亮神像放在朝向月亮的方向，红烛高燃，全家人依次拜祭月亮，然后由当家主妇切开团圆月饼，全家一起品尝。

**美食中的节日** 中秋节——农历八月十五。按照我国传统历法的解释，农历八月在秋季的中间，所以叫作“仲秋”，八月十五又在“仲秋”之中，所以被称为“中秋”。“中秋”一词始见于《周礼》：“中春，昼击土鼓，吹豳诗，以逆暑。中秋，夜迎寒亦如之。”可见中秋节历史之悠久。

## 传统文化故事馆

### 月饼竟来自西域

月饼的雏形是汉代流传至中原的面食——胡饼。唐代时期国力强盛，很多外国人到长安来做生意，这时胡饼的制作技术已经较为成熟，胡饼店比比皆是，胡饼成了人们喜爱的糕点小食。

就连白居易都专门买来香喷喷的胡饼寄给友人，并特意赋诗："胡麻饼样学京都，面脆油香新出炉。"而唐人在八月十五吃胡饼的习俗据说源于唐高祖，当时大将军李靖北伐突厥胜利即将班师归来的消息传至长安城后，全城欢呼雀跃。高祖李渊很高兴，看到桌上圆圆的胡饼好似天上的圆月，便说"应将胡饼邀蟾蜍"，因此特意命厨师制作彩色的胡饼以迎接大军。从此，每到八月十五，人们便会吃胡饼赏月。

传说，到了唐玄宗时期，有一年八月十五，唐玄宗和杨贵妃一边赏月，一边吃胡饼。唐玄宗说："胡饼味美，但这个名字不美。"杨贵妃抬头看着又大又圆的月亮，顺口说："这饼很像天上的月亮啊，就叫月饼怎么样？"唐玄宗说："好！"从此，"月饼"这个名称就诞生了。

虽然这些故事如今已不可考，但是边吃月饼边赏月的传统习俗流传了下来，月饼也被赋予了团圆与祝福的含义，成了中秋家宴上不可缺少的美食。

# 一口气了解桂花的前世今生

桂花摇落以后，挑去小枝小叶，晒上几天太阳，收在铁盒子里，可以加在茶叶里泡茶，过年时还可以做糕饼。全年，整个村子都浸在桂花的香气里。

——琦君《桂花雨》

《桂花雨》是当代作家琦君创作的一篇散文。作者主要回忆了自己童年时代的“摇花乐”和“桂花雨”，字里行间流露出淡淡的思乡情怀和对故乡美好生活的怀念。

桂花品种较多，有丹桂、金桂、银桂、月桂等，花形小而椭圆，花瓣肥厚。丹桂、金桂、银桂香气浓郁，月桂淡雅可人。自汉代至魏晋南北朝时期，桂花都是名贵的花卉与贡品，并成为美好事物的象征。《西京杂记》记载，汉武帝刘彻初修上林苑，群臣献名果异树奇花2000余种，其中有桂10株。唐宋以后，桂花被广泛种植于庭院中观赏。唐代诗人宋之问的《灵隐寺》中便有“桂子月中落，天香云外飘”的诗句，故后人用“天香”代指桂花。古人用桂花制酒、制茶、制糕点，至今这些美食仍备受人们喜爱。

## 美食直通车

美食小地图

我的名字：桂花

我的别称：九里香

美食坐标：去新都吃桂花糕、去杭州吃桂花糯米藕、去桂林饮桂花茶。

我与地名那点儿事：桂花鸭又名“盐水鸭”，是南京的特色名菜，至今已有2500多年的历史。

一到中秋，桂花一团一团簇拥在一起，香气怡人。桂花是中国十大传统名花之一，春秋战国时期的《山海经·南山经》中曾提到“招摇之山，临于西海之上，多桂”，屈原的《九歌》中有“援北斗兮酌桂浆”“辛夷车兮结桂旗”的描述，《吕氏春秋》中盛赞“和之美者：阳朴之姜，招摇之桂”，可见桂花的历史之悠久。桂花盛开时，清可荡涤，浓可致远，因此有“九里香”的美称。

## “桂花蒸”可不能吃

中秋的晚上，月亮大如玉盘，桂花散发着点点幽香。孩子们一边吃着月饼，一边听长辈讲吴刚伐桂的故事。传说汉代时，河西人吴刚跟着仙人学习法术，非但不用功还不遵守道规，因此，被罚去月宫伐桂树，什么时候树倒了就免去责罚。这广寒宫的桂树很神奇，高五百丈，而且只要用斧子砍开一个口，伤口立即愈合，就这样，吴刚只能没日没夜地挥斧砍树。大人借故事教育孩子，学习务必要专心用功。

桂花的花瓣像小小的铃铛。金桂就是金铃铛，银桂就是银铃铛，挂在树上发出“唰啦啦，唰啦啦”的响声。近嗅，香气密集繁复。远闻，似有若无。桂花盛开的那一段时间，虽然已经入秋，天气却蒸腾湿热，所以在江南有“桂花蒸”之说。中秋一过，树上的桂花便待不住了，风稍稍一吹，就稀稀拉拉地落下来。取一块宽阔如席的印花蓝布，铺在树下，抱着树干一阵摇动，桂花像雨点一样落了下来，滚落在蓝布上，金桂碎米一般，红且圆润。收集起来的鲜桂花，挤去苦水，用白糖浸渍，拌在一起，就做成了好吃的糖桂花。对于爱吃甜食的人来说，糖桂花是最百搭的，不仅是制作月饼、蜜饯的辅料，煮汤圆时撒上星星点点的糖桂花，色香味俱佳。另外，把一些鲜桂花放在太阳下，晾干后置于密封的瓶内，来年春天我们还能闻到桂花香。

## 桂花糕竟源自状元郎

每年中秋前后，四川新都举办桂花会，远近游人都在此时前来赏桂，品尝用新都特产桂蕊制作的桂花糕。新都桂花糕有300多年的历史，是用糯米粉、糖料和蜜桂花为原料制成的糕点。相传明代末年，新都有个叫刘吉祥的小贩，他从状元杨升庵桂花飘香的书斋中得到启示，将鲜桂花收集起来，挤去苦水，用糖蜜浸渍，并与蒸熟的米粉、糯米粉、熟油、提糖拌和，装盒成型出售，取名桂花糕。桂花糕一经售出，便引来人们争相购买。

桂花糯米藕是江南地区的特色名吃，将生糯米灌在莲藕中蒸熟，淋上桂花酱，香甜可口。古人认为桂为“百药之长”，所以用桂花酿制的酒有“饮之寿千岁”的功效。《本草纲目》更详细地记叙了桂花的用途，“花可收茗、浸酒、盐渍，及作香擦、发泽之类耳”。

李清照笔下的桂花是“暗淡轻黄体性柔，情疏迹远只香留”。甜香之外，桂花还有另一种归宿——窨（xūn）茶。桂花茶属于花茶，是中国主要的茶类之一，其窨制过程如下：首先在洁净的竹垫或白布上铺放一层茶坯，然后按原料配比量均匀加放一层桂花。照此一层茶一层花重复铺成堆，顶层以茶坯覆盖堆窨。待桂花成萎蔫状态，手摸茶坯柔软而不沾手时，就可以结束窨花。扒开茶堆，将花渣筛去，晾干后可配入茶中。由桂花窨制而成的茶叶，香味馥郁持久，茶汤落腹，鼻息处仍会自内向外呼出淡淡桂花香。

时间往复，桂花开了又谢。饮上一杯浓香馥郁的桂花茶，再搭配一块软糯的桂花糕，便仿佛置身花海之中。

## 知识杂货铺

**美食中的画作** 桂花蒸——丰子恺有一幅漫画叫《桂花蒸》，画的是两个赤膊的男子坐在凳子上摇着蒲扇聊天。不要以为是两个人在商量如何蒸桂花，其实，“桂花蒸”为石门方言，是说农历八月，天气异常闷热，大概是老天爷在蒸桂花，才蒸得人间这样闷热。

**美食中的茶艺** 窨茶——“窨”同“熏”，利用茶善于吸收异味的特点，将有香味的鲜花和新茶一起闷，茶将香味吸收后再把干花筛除。我国窨茶的生产，始于南宋，已有近千年的历史。

## 传统文化故事馆

### 杨慎蟾宫折桂

“宝树林中碧玉凉，秋风又送木樨黄。摘来金粟枝枝艳，插上乌云朵朵香。”这是明代诗人杨慎的诗《桂林一枝》。杨慎，号升庵，新都人，他一生酷爱桂花，年轻时曾在临近家门的湖畔，沿堤遍植桂树数百株，并同自己的爱妻、文学家黄娥，在这里度过了幸福的新婚生活。后人为了纪念他们，陆续在湖畔广植桂树4000多株，并扩大湖面，广种荷花，把桂湖园林培修成“满湖荷桂”“额秀分香”的花香世界。

杨慎在此还留下了一段“蟾宫折桂”（蟾宫是广寒宫的别称，传说是嫦娥奔月后在月亮上的居所）的奇妙传说：一天晚上，苦读的杨慎在书房里睡着了，魁星入梦，问他愿不愿意上蟾宫折桂，杨慎答允。魁星便命西海龙王载杨慎飞上蟾宫。到了蟾宫，杨慎看见一座宫殿和一棵很高的桂花树，他努力爬上去折下了桂枝，带回书房。第二天醒来，他便看见窗外满园桂花开放。第二年杨慎进京赶考，果然考中了状元。桂因谐音通“贵”，所以被古人赋予了美好的寓意。古时仕途得志、飞黄腾达者谓之“折桂”，这大概便是这则民间传说的由来。

# 腊八粥的传说二三事

初学喊爸爸的小孩子，会出门叫洋车了的大孩子，嘴巴上长了许多白胡子的老孩子，提到腊八粥，谁不是嘴里就立时生出一种甜甜的腻腻的感觉呢。把小米、饭豆、枣、栗、白糖、花生仁合拢来，糊糊涂涂煮成一锅，让它在锅中叹气似的沸腾着，单看它那叹气样儿，闻闻那种香味，就够咽三口以上的唾沫了，何况是，大碗大碗地装着，大匙大匙朝嘴里塞灌呢！

——沈从文《腊八粥》

选文《腊八粥》出自“乡土文学之父”沈从文创作的一篇小说，主要描写了主人公“八儿”迫不及待地想吃母亲煮的腊八粥的急切心情，展现了一家人其乐融融的幸福场景。

“腊八祭灶新年到”，腊八节是准备新年活动的开始，煮腊

**八粥也是腊八节重要的节日习俗。先秦时期我国一些地方便有腊祭习俗，节期在腊月但并不固定日期，腊祭的对象则是列祖列宗以及五位家神。五位家神指的是“门、户、天窗、灶、行（门内土地）”。有文字记载，喝腊八粥始于宋代，将各类谷物熬煮成粥，寓意“合聚万物，调和千灵”，祈求来年丰收吉祥。**

## 美食直通车

**美食小地图**

我的名字：腊八粥

我的别称：七宝五味粥

美食坐标：去江苏喝青菜粥、去陕北喝肉粥、去青海吃麦仁饭。

我与地名那点儿事：在河南，腊八粥又称“大家饭”，据说是纪念著名将领岳飞的一种节日美食。

喝腊八粥是腊八节的习俗，古代在农历十二月里合祭众神叫作“腊”，农历十二月叫腊月，腊八节顾名思义就是腊月初八。腊八粥，又称“七宝五味粥”“佛粥”“大家饭”等，由多种传统食材如大米、小米、玉米、薏米、红枣、莲子、花生、桂圆和各种豆类熬制而成。

## 腊八粥来源于佛祖

关于腊八粥的起源，各地有各地的传说。有的说上古五帝之一的颛顼（zhuānxū）氏的三个儿子死后变成恶鬼吓唬小孩，导致孩子生病。古人迷信，认为有“赤豆打鬼”的说法，人们便在腊月初八这天用红豆、赤小豆熬粥，祛疫迎祥。有的说是秦始皇时期，为修长城饿死了不少民工，有一年腊月初八，民工们合伙积攒了几把五谷杂粮，放进锅里熬成稀粥，每人喝了一碗。为了纪念这些民工，人们选择在腊月初八喝腊八粥。除此之外，传说腊八粥还与西晋人教育子孙后代珍惜粮食有关、与人们怀念岳飞有关、与朱元璋喝粥救命有关……

而佛家公认，腊八粥跟佛陀成佛的故事有关。佛教创始人释迦牟尼年轻时见众生受生老病死的折磨，为寻求人生真谛，舍弃王族生活，出家修道。他在雪山苦修六年，常日食一麦一麻。后发现苦修并非解脱之道，于是下山。这时一位牧女见他虚弱不堪，便熬乳糜（乳汁与谷物共煮而成）给他食用。释迦牟尼恢复体力后，在菩提树下入定七日，在腊月初八这日悟道成佛。古印度人为了纪念佛祖，定腊月初八吃杂拌粥，所以腊八节是从古印度传入中国的，是佛祖的成道日。清代苏州文人李福曾有诗云：“腊月八日粥，传自梵王国。七宝美调和，五味香掺入。”

佛教传入中国后，大部分寺院都会在腊月初八这天准备谷物熬制腊八粥，送给善男信女或周边的穷人。信众们认为腊八粥寓意吉祥，不仅自己食用，还会带回家给亲人享用。

每逢腊八节的前一天晚上，有些地方村里的善男信女们都会放下手头的活，赶去寺院帮忙煮腊八粥。翌日，寺院开门施粥给众人，孩子们要在家等着，大人们一大早便提着粥桶从寺院回来，挨家挨户地分。孩子们端着碗，聚在一起，“吸溜吸溜”地喝着黏糊甜糯的腊八粥，吃到一粒桂圆或一颗枣子跟得了赏似的，无限欢喜。

### 各个地区的腊八粥

宋代出现了有文字记载的民间百姓喝腊八粥的习俗，南宋吴自牧《梦粱录》载：“此月八日，寺院谓之腊八。大刹等寺俱设五味粥，名曰‘腊八粥’。”清代时，每年的腊八节，北京雍和宫都要举行盛大的腊八仪式，由王公大臣亲自监督进行。《燕京岁时记》载：“雍和宫喇嘛于初八日夜内熬粥供佛，特派大臣监视，以昭诚敬。其粥锅之大，可容数石米。”清人夏仁虎的《腊八》一诗就是描述这一盛况的：“腊八家家煮粥多，大臣特派到雍和。圣慈亦是当今佛，进奉熬成第二锅。”

渐渐地，寺院和民间都熬腊八粥，不仅北方如此，南方也是如此，我国从南到北很多地区都会在腊月初八煮腊八粥，不同地区的粥还有不同的做法和寓意。

陕北人熬腊八粥，除了用各种米、豆外，还加入各种干果、豆腐和肉。通常早晨煮，或甜或咸。倘是午间，还要在粥内煮些面条，全家人团聚共餐。吃完后，将粥抹在门上、灶台上及门外树上，以驱邪避灾，迎接来年的粮食大丰收。

兰州的腊八粥煮得更讲究，用大米、豆、红枣、白果、莲子、葡萄干、杏干、瓜干、核桃仁、青红丝、白糖、肉丁等煮成。煮熟后，先敬门神、灶神、土神、财神，祈求来年风调雨顺，五谷丰登，再送给亲邻，最后一家人享用。

江苏的腊八粥分甜、咸两种，其中咸粥内放入了青菜和油。苏州人煮腊八粥要放入慈姑、荸荠、核桃仁、松子仁、芡实、红枣、栗子、木耳、青菜、金针菇等。

有一首童谣这样唱道："小孩小孩你别馋，过了腊八就是年。腊八粥喝几天，哩哩啦啦二十三。"软糯黏稠的腊八粥里，承载着人们对来年幸福安康的期盼。

## 知识杂货铺

**美食中的历史** 上古五帝——上古时期的五位部落首领或部落联盟首领。因其伟大，被后世追尊为帝。《史记》认为，五帝具体指黄帝、颛顼、帝喾（kù）、尧、舜。

**美食中的建筑** 雍和宫——北京市内最大的藏传佛教寺院，位于北京市区安定门内，建于清康熙三十三年（1694年），原为雍正帝即位前的府第。雍正三年（1725年）改现名，乾隆九年（1744年）改为藏传佛教寺院。主要建筑有天王殿、雍和宫大殿、法轮殿、万福阁，为全国重点文物保护单位。

## 传统文化故事馆

### 腊八蒜，腊八算

自古以来，要账就不是件容易的事，中国人重礼，很多时候要钱的比欠钱的还拉不下面子。现代人不好意思当面要，还能发短信、发微信，古代交通和通信都不方便，只能当面要，而年底，往往是要账最频繁的时候。但在古代北方大部分地区，要账时间较为固定，也就是腊八节这一天。

蒜与“算”同音，重视礼仪的人们想到“腊八算”这一点，于是在腊八这天要账时，不明说，备上一小坛腊八蒜送给欠账的人，那人看见腊八蒜也就明白该结账了。

北京有句谚语：“腊八粥、腊八蒜，放账的送信儿，欠债的还钱。”

腊八蒜做法很简单，将剥了皮的蒜瓣儿放进可密封的容器中，倒入米醋，再加一小勺白糖，封口后放置在阴凉的地方即可。

腊八那天，泡上一小罐蒜，泡到腊月二十三或除夕，醋沾了蒜香，刚好用来蘸饺子吃。

第二辑

# 尝鲜山海间

穿越四季，跨越山海，开启尝鲜之旅。

# 鱼丸和鱼圆的神奇渊源

从福建菜馆叫的菜，有一碗鱼做的丸子。

海婴一吃就说不新鲜，许先生不信，别的人也都不信。因为那丸子有的新鲜，有的不新鲜，别人吃到嘴里的恰好都是没有改味的。

……鲁迅先生把海婴碟里的拿来尝尝。果然是不新鲜的。鲁迅先生说：

“他说不新鲜，一定也有他的道理，不加以查看就抹杀是不对的。”

——萧红《回忆鲁迅先生》

选文《回忆鲁迅先生》出自《萧红全集》第二卷，现被收入中学语文课本七年级下册。萧红是我国现代著名女作家，“许先生”指鲁迅夫人许广平，“海婴”即周海婴，是鲁迅与许广平的儿子。

萧红用女性细腻独特的笔触，将鲁迅先生求真务实的性格特征描述了出来。

鲁迅先生是浙江绍兴人。绍兴特色名吃绍三鲜，被称为“绍兴菜头牌”。相传绍三鲜始于南宋，由当地首富张员外的家厨所创，取稽山上放养的土猪和鉴湖钓到的鲜鱼制成肉丸，用越鸡炖出高汤，再加上山笋、河虾、火腿等食材用汽锅蒸制。宋高宗赵构品尝后连连称赞，在得知这道菜汇聚了越州山水及田间的精华食材时，宋高宗提笔写下了“绍祚中兴”，绍兴因此得名。

## 美食直通车

美食小地图

我的名字：鱼丸

我的别称：鱼圆

美食坐标：去晋江吃深沪鱼丸、去福州吃七星鱼丸、去广州吃鱼丸米粉。

我与地名那点儿事：在广东罗定，鲮鱼有三种食法，即“鱼三味”：鱼丸、鱼骨丸（又称酥鱼）、鱼腐。相传“皱纱鱼腐”起源于清乾隆年间。

鱼丸是沿海地区的风味小吃，因地域和生活习惯不同，烹制出来的鱼丸也各具特色，让我们先从福建走起，开启尝鲜之旅。

福建依山傍海，有山珍，有海味，山珍海味一相逢，催生出得天独厚的美食——福建鱼丸。

鱼丸在闽菜中占据着重要地位，在宴席上有“无鱼丸不成席”的说法。宴席的鱼丸个头大，选材讲究，以背肌发达、肉质厚实细嫩、洁白少刺的鱼为上品，海水鱼有鲨鱼、鳗鱼、团头鲂等，淡水鱼有青鱼、鲤鱼、草鱼等。鱼丸因源于临海渔民的饮食习俗，再加上鱼丸呈球形，象征团团圆圆、和和美美，所以它成为福建家喻户晓的美食。

鱼丸制作考究，剔下鱼肉，剁成肉泥，加蛋清和干淀粉，搅打成细细的鱼蓉。然后，将调好的五花肉馅包在鱼蓉中，轻轻挤出一颗光滑完整的鱼丸。接着，锅里倒入清水，煮沸，放鱼丸，滴几滴虾油，再次煮沸捞出，一碗色泽洁白晶亮的鱼丸就出锅了。撒些许香葱，热气氤氲，诱人的鲜香挑拨着味蕾，闻之香气扑鼻，食之爽口润滑。

## 秦始皇都钟爱鱼丸

说到鱼丸的来历，相传与秦始皇有关。秦始皇作为土生土长的西北人，特别喜欢吃鱼，有一次吃鱼不小心被鱼刺卡了喉咙，虽然后来御医成功将鱼刺取出，但秦始皇还是大发雷霆，并下令鱼肉中禁止有刺。

有一日，地方官员敬献了几条鳗鱼，秦始皇很高兴，当即命令御厨把鱼做了。这名御厨心里很郁闷，又不敢怠慢，想到自己的身家性命都系在这条鳗鱼身上，不由得怒火中烧，抄起刀背狠狠向鱼

砸去。没承想，鱼肉砸烂变成了鱼蓉，还露出了鱼刺。这时，太监传膳，他急中生智，顺手挑出鱼刺，将砸烂的鱼肉拌上面粉包上肉馅，在汤里汆成了丸子。秦始皇吃到了没有刺的鱼丸，十分满意，问御厨这是什么菜。御厨心想，这菜看起来像药丸，便想说是“鱼丸”，但是转念又想“丸”和“完”同音，怕触怒秦始皇，就改口说是“鱼圆”。此后，这种做鱼的方法渐渐传到民间，被叫作“汆鱼圆”或“汆鱼丸”。

晋江的深沪鱼丸，是闽南传统名点，创始于清同治年间。创始人张昌盘曾是一位走南闯北的船商，他在台湾和广东做生意时，对街边贩卖的鱼丸产生了很大的兴趣，经过反复改良，研制出独具特色的深沪鱼丸。深沪鱼丸理想的原料是马鲛鱼，谚语有云：“山上吃鹧鸪、獐，海里吃马鲛、鲳。”鲜甜香软的鱼丸，搭配肉骨清汤，美味可口，让人回味无穷。

平潭鱼丸因注重选料和制作工艺而闻名遐迩，多以鲜黄鱼、马鲛鱼、鳗鱼、小鲨鱼为主料。平潭是海岛，主食为番薯，唐代时为牧马地，宋代有屯兵、官粮补给。今天健在的耄耋老人，口头禅仍是“三块薯圆一碗汤”，这准确地概括了当地的百姓食谱。平潭鱼丸会在肉蓉中加入薯粉，煮熟后颜色如瓷，弹性十足，脆而不腻。

### 台风“刮”来的七星鱼丸

福州最有名的要数七星鱼丸了。相传，有一天，一个商人搭乘闽江畔一个渔民的渔船向南航行，小船行至江口进入大海，正遇上台风。躲入港湾避风时，不幸船体触礁损坏。在修船的日子里，大家只能以鱼为饭。商人不禁感叹：“有没有别的东西吃啊？”

渔夫的妻子说：“除了薯粉，已经没有别的粮食了。”正巧渔夫钓上来一条大鳗鱼，他的妻子独具匠心，将鱼刺剔除，剁碎的鱼肉拌上薯粉，制成丸子汤，竟别有一番风味。

后来，商人回到福州，开了一家“七星小食店”，并聘请渔夫妻子做厨师，专做鱼丸汤。刚开始生意并不好，一天一位上京赶考的举子经过此店前来就餐，店主热情款待并端出鱼丸汤，举子品尝后大呼美味，还题诗一首：

点点星斗布空稀，玉露甘香游客迷。
南疆虽有千秋饮，难得七星沁诗脾。

店主将诗挂在店里，宾客争相观赏，从此生意兴隆，“七星鱼丸”也由此得名。

福建鱼丸除了味道鲜美，还寓意满满的福气。按当地习俗，办酒席，客人都要“夹酒包”。过去“酒包”中都有鱼丸，个头有小孩子拳头大小，“夹”回家，要切成小块，大家一块吃，素有“团团圆圆，年年有余”的吉祥美意。一份美食，代表着人们朴素的祝愿。

## 知识杂货铺

**美食中的地理** **闽菜**——闽是福建的简称，闽菜是福州、闽南、闽西三个流派融合的一个菜系。闽越地处东南，在我国历史上，早期闽越文化与中原文化有很大差别，后来慢慢与中原文化融合。福建有山有海，是一个能品尝山珍海味的好地方。福建人善于煲汤和烹饪海鲜，知名菜肴有佛跳墙、海蛎煎、荔枝肉等。

**美食中的人物** **番薯**——原产于美洲中部。关于谁是中国的“番薯之父”，历来有较多争议，广为流传的是广东东莞人陈益、福州长乐人陈振龙、广东湛江人林怀兰。据史料记载，陈益是从安南（今越南）将番薯种子带回广东。陈振龙在吕宋（今菲律宾）经商，后秘密将薯藤带回福州。林怀兰医术高明，经常在交趾（今越南）一带行医，并将生番薯块作为种子，带回广东。

## 传统文化故事馆

### 经典闽菜西施舌

西施，我国古代四大美女之一。传说她在溪边浣纱的时候，鱼儿害怕惊动她的美貌，都不敢游水，纷纷沉入水底，“沉鱼落雁”中的“沉鱼”形容的便是西施。

战国时期，吴越两国交战，越国战败。越王勾践忍辱负重，给吴王夫差当了3年奴仆后，终于被放回越国。

回国后的勾践卧薪尝胆，一心想找吴王复仇，他的臣下范蠡想出一条妙计：挑选一个美女献给吴王，以使吴王沉迷，放松戒备。于是，越国出了名的美女西施被选中了，经过3年的训练，她成了一个优雅美丽的“女间谍”。

吴王夫差见到西施，果然被迷得神魂颠倒，以致朝政荒废。后来，越国一举攻下吴国，夫差自杀身亡。

关于西施的结局，则有很多种传说。其中一种传说是西施被人们视为祸水，被绑上石头沉入海底。闽越的海边有一种小海蚌，柔软的斧足就像美女的舌头，那里的人们称它为“西施舌”，并借以期待茫茫大海不会湮灭西施这个美丽的女子。

西施舌是福建的知名食材，也是菜肴的名称，采用炒、煮、蒸、煨等多种制法皆可做成鲜美海味。

# 河豚为何热衷于“杀人”

惠崇春江晚景

［宋］苏轼

竹外桃花三两枝，春江水暖鸭先知。
蒌蒿满地芦芽短，正是河豚欲上时。

惠崇是北宋名僧，也是苏轼的好友。这首诗是苏轼为惠崇的画作《春江晚景》所写的题画诗，写出了早春时节美丽的春江景色。作为文坛上有名的“吃货”，苏轼“贡献”了两种美味佳肴——芦芽与河豚。芦芽是芦苇的嫩芽，颜色多为绿色或紫色，剥开后里面的茎是一节一节的，呈嫩绿色。芦芽味道鲜美，是清炒、烹汤的佳品。河豚更是难得的美食，肉质细嫩洁白，滋味腴美，营养丰富。

苏轼晚年对水果和素食格外钟爱，在品尝了南方各种各样的水果后，他特意为荔枝写下了“日啖荔枝三百颗，不辞长作岭南人”的诗句。他还着意于对汤羹的研究，其中“东坡羹”广为流传。据说“东坡羹”是苏轼在田间劳作时，架了一口断腿的破鼎，把蔓菁和芦菔（萝卜）等菜放入鼎内熬制而成的。这款汤羹非常美味，还具有极好的保健作用。因此，苏轼非常得意，将其称为“珍烹”。

## 美食直通车

美食小地图

我的名字：河豚

我的别称：艇巴

美食坐标：去江阴吃红烧河豚、去南通吃西施乳、去扬中吃白汁河豚。

我与地名那点儿事：在镇江，“春笋河豚”要作为头道菜端上桌，浓郁诱人的香气立刻溢满门户，足见“一尝河豚鲜，百菜则无味”。

春二三月，天气冷冷暖暖，这最难将息的天气，却吸引了一群特殊的“驴友”长途跋涉而来。谁？河豚。

就像诗中所写：“蒌蒿满地芦芽短，正是河豚欲上时。”此时，客居外洋的河豚早已热过身，做好了洄游的准备，怀着一腔乡愁，成群结队，从深海游向浅海咸淡水交界处产卵。处于咸淡水交汇的象山港，便是小河豚的出生地。这件事令周边的渔民备感骄傲。只要河豚游进港，就被打上了本土的地理印记。它需要重新上牌，领一张新的“身份证”。不一样的海水让这里的河豚与外洋的河豚区别开来，肉质也有差异。

## 自带“热搜体质”的河豚

河豚又称鲀，是一种生于海中、头大口小的鱼类。也正是因为它头大口小且长着刺的样子，宁波渔民叫它“鬼（发‘居’音）鱼”。河豚的血液、眼睛、内脏含有剧毒，加工不当，食之会致人丧命，难以救治。

河豚与刀鱼、鲥（shí）鱼并称“长江三鲜”，因其自身带毒的“热搜体质”，格外出名。

据说河豚的毒性大约是氰化物的1200倍。早在春秋战国时期，中国人就开始食用河豚。《本草纲目》中也有相关记载：“河豚有大毒……味虽珍美，修治失法，食之杀人。”

即使“世传其杀人”，但好吃河豚者仍不在少数，尤其是宋代，吃河豚成为士人间的一种时尚。名士梅圣俞，就喜欢邀朋呼友来家里吃河豚。而据《东京梦华录》记载，在没有河豚吃的情况下，人们甚至还造出“假河豚”——有河豚的样子和味道的食物，聊以过瘾。

### 人们为何“拼死吃河豚”

“拼死吃河豚”的说法在民间广为流传，河豚的味道实在太过鲜美，令人欲罢不能。有经验的老渔民自有一套讲究的烧煮法：先挑选一条鲜活的雄河豚，去掉内脏，洗净血液和黏液，放入镬内，加上咸菜、蒲葱，放入大量清水，加盖后久煮，大约半天时间，河豚便煮好了。

其实，在我国的山东、江苏、福建、广东等地，河豚也一直是传统美食，蒸、炒、煎、炖、烩，怎么做都是人间美味。不过最著名的食用工序当数“一白、二皮、三汤、四肉”。

“一白”是河豚的精巢。日本人称其为“河豚白子”，曾经是日本皇室专属食材，在我国则美名为“西施乳”。朱彝尊的《河豚歌》中称“西施乳滑恣教啮”，赞其滑爽鲜美。“二皮”是吃河豚的鱼皮。软糯爽口的鱼皮切丝，佐以酱油、黑醋、红辣椒、蒜末拌匀，酸辣松脆。“三汤”是指河豚汤。浙江、江苏一带善于煲汤，汤汁浓郁，白皙如乳，入喉爽滑，香味扑鼻，广受人们欢迎。“四肉”是指河豚肉。河豚肉的做法有很多种，红烧是最普遍的，浓油赤酱搭配鲜嫩的鱼肉，令人食指大动。

众所周知，苏轼喜爱美食在历史上是出了名的，而他对河豚的喜爱在古籍中也可见一斑。据《宋人轶事汇编》记载，苏轼在常州居住时，当地一名士人烹制河豚有独到之处，苏轼便邀请他到自己的住处为自己解馋。他吃完以后，意犹未尽地说：“如此美

味，毒死也值了！”

大才子李渔则认为河豚是江南最好吃的食物，他在《闲情偶寄》里说：“河豚为江南最尚之物，予亦食而甘之。”

鲁迅先生也非常喜欢吃河豚，他在《无题二首》中就写道：“故乡黯黯锁玄云，遥夜迢迢隔上春。岁暮何堪再惆怅，且持卮酒食河豚。”

在宁波，河豚吃不完，可以晒成鲞（xiǎng，鱼干），将鲞切块，与五花肉、笋干同煮，鲞吸收了肉和笋的鲜味，鲜上加鲜。这道菜名叫鲞烤肉，是过年必备的大菜，煮一大锅，吃之前熯（hàn）上一熯，越熯越好吃。吃过这道大菜后，孩子们便长一岁啦。

## 知识杂货铺

**美食中的植物** 蒌蒿——《诗经》云：“呦呦鹿鸣，食野之蒿。”早在3000多年前，人们就开始食用蒌蒿了。蒌蒿全草入药，有止血、消炎、镇咳、化痰之功效，嫩茎及叶可做青菜食用，也可以腌制酱菜，别具风味。

**美食中的鱼类** 长江三鲜——在中国长江下游水域中出产的三种肉质鲜美的鱼类，即刀鱼、鲥鱼和河豚。其中刀鱼是“长江三鲜”中最早上市的，故列三鲜之首，不仅味美，而且《本草纲目》中记载它还能益气活血；鲥鱼有“鱼中之王”的美称，俗语“红烧鲥鱼两头鲜，清蒸鲥鱼诱神仙”，可见其鲜美；河豚的鲜美上文已有涉及，此处不再赘述。

**美食中的地理** 常州——位于长江三角洲地区，又有“龙城”的别称。常州是一座有着3200多年历史的悠久古城，春秋末期属吴国延陵，西汉时改称毗陵，隋文帝时期改称常州，并一直沿用至今。

## 传统文化故事馆

### 苏轼：最火的那道菜还是东坡肉

东坡肉相传为苏东坡所创。元丰三年（1080年），苏轼被贬到黄州。在黄州，苏轼亲自耕种，自号“东坡居士”。黄州临山傍水，这里的鱼类丰腴鲜美，更让他惊喜的是，猪肉简直太便宜了。

当时的猪肉还不是老百姓的常用食材，因为富贵人家不会吃，穷人又不会煮。苏东坡别具慧眼，研究出一种能让猪肉变得味美的烹饪方法，还将它作为食谱写进《猪肉颂》里：“净洗铛，少著水，柴头罨（yǎn）烟焰不起。待他自熟莫催他，火候足时他自美。”

关于东坡肉的故事，还有另外两个版本，分别发生在徐州和杭州。据说苏东坡在徐州任知州时，曾带领当地百姓抗洪，百姓为感谢他，便杀猪宰鸡，送到知州衙门。苏东坡为官廉洁，只好暂时收下，烹制后又送还给百姓，这便是徐州传统名菜“回赠肉”。杭州“东坡肉”的故事与上述故事大同小异，只是苏东坡原本想将肉和酒一起送给百姓分享，厨子误将“连酒一起送”听成了“连酒一起烧”，误打误撞烧出了有浓厚酒香的红烧肉。

不过，宋代虽有东坡肉的做法，却没有名称记载，直到明代《万历野获编》中才出现“肉之大胾（zì）不割者，名东坡肉”的记载。

要做东坡肉，一定要选“五层肉”，就是猪肋条中间前面一点的位置，这块肉要含猪皮、肥肉、瘦肉、薄层肥肉、薄层瘦肉五层。烧的时候加入花雕酒、酱油、糖等配料，大火烧开后小火慢炖，如此才算正宗。

# 春笋在唐代竟然价值千金

还有些人家，在屋后种几十枝竹，绿的叶，青的竿，投下一片浓浓的绿荫。几场春雨过后，到那里走走，你常常会看见许多鲜嫩的笋，成群地从土里探出头来。

——陈醉云《乡下人家》

《乡下人家》是著名现代书法艺术大师、现代诗人陈醉云的一篇写景散文，文章描绘了充满诗意的乡村生活，描写了屋前的瓜架、门前的鲜花、屋后的竹林、觅食的鸡、河中嬉戏的鸭子，还有院落中人们共进晚餐和伴着歌声入梦的场景，赞扬了乡下人热爱生活的美好品质。

选文形象地描绘了“雨后春笋”这幅画面，尤其一个“探”

字，用拟人的手法让人感受到竹笋长势迅速，如同顽皮的娃娃从土里探出头来，展现了春天乡下的勃勃生机。竹笋作为竹子的幼芽，自古以来被当作“菜中珍品”，清初美食家李渔甚至称竹笋为“蔬食中第一品”，言之“能居肉食之上”。

## 美食直通车

**美食小地图**

我的名字：笋

我的别称：嫩箨（tuò）

美食坐标：去广西吃八渡笋、去四川吃峨边竹笋、去海南吃雷公笋。

我与地名那点儿事：酸笋是广西的传统调味佳品，《红楼梦》第八回，薛姨妈在家款待宝玉，特地做了酸笋鸡皮汤给他解酒。

夜半时分，突然，春雷“轰”地在天际炸响，从天上滚到了地里，惊醒了沉睡的笋子，笋子们交头接耳，“噼噼啪啪”响成一片。待春雨潜入泥土，笋子吸足了大地的精华，“噌噌噌”伸着懒腰，一个个冒出来。

江南的四五月里，几乎家家户户都为笋事奔忙。笋是大自然的恩赐，有乌笋、节笋、鳗笋、龙须笋、红壳笋等，还有些叫不出名字的小笋，统称为野山笋。

## 吃了春笋不想肉

《诗经》里就有“其蔌维何？维笋及蒲”的诗句，为贵客饯行用什么蔬菜呢？当然是鲜嫩的竹笋，可见早在西周时期人们便用笋制作美食了。笋的味道鲜美无比，文人墨客皆为其所倾倒，不吝溢美之词来赞扬它。

李商隐写初春的竹笋，“嫩箨香苞初出林，於陵论价重如金”，鲜嫩的笋拿到市场上去卖，贵重如黄金。

“美食家”苏轼将笋的烹制及味道融入文学创作当中。他在《送笋芍药与公择二首》中写道：“我家拙厨膳，彘（zhì）肉芼（mào）芜菁。送与江南客，烧煮配香粳。”彘肉就是猪肉，芼和芜菁都是当时可食用的蔬菜，粳米是黏性较强的一种米。苏轼送笋与芍药给李公择，并建议他将竹笋或烧或煮之后，搭配粳米饭，可了南烹之思。

苏轼还在《初到黄州》中写道：“长江绕郭知鱼美，好竹连山觉笋香。”长江环抱城郭，深知江鱼味美，茂竹漫山遍野，只觉阵阵笋香。

白居易在《食笋》诗中写道：“置之炊甑（zèng）中，与饭同时熟。紫箨坼故锦，素肌擘新玉。每日遂加餐，经食不思肉。”将笋和米一起放在锅里蒸熟，不用添加任何调料，因为竹笋的鲜美已经渗进米饭中。这道美食可大大地促进人们的食欲，吃久了连肉都不想吃了。

“尝鲜无不道春笋”，宋代释赞宁著有《笋谱》，说笋出土后，“一日曰蔫，二日曰箊”。哪怕把笋养在水里，或冻在冰箱里，它也是会老的。

## 守护“秘密”能力超强的横鞭笋

江南有一道名菜“腌笃鲜”，是用春笋、猪肉、咸肉等食物熬制的鲜汤。“腌”就是指腌制过的咸肉；“鲜”就是新鲜的肉类，如鸡肉、蹄髈、小排骨等；“笃”就是用小火“咕嘟咕嘟”慢炖，到最后，汤白汁浓，肉质酥肥，春笋清香脆嫩。

夏笋长在竹鞭的竹节上，称为“横鞭笋”。横鞭笋最会潜伏，守护秘密的能力特别强。人们在竹林里兜一圈下来，找不到它的蛛丝马迹，空手而归是常有的事。要是找到了，简直是得了宝贝，因为横鞭笋纤维较粗，有嚼劲儿，是炖汤的好料。炎炎酷暑，将横鞭笋切片煮汤，味甘鲜爽，消暑解渴。

尽管大部分的植物都是在秋天收获，但在秋天收获的竹笋是比较少的，较为知名的是方竹笋。方竹笋主要生长在海拔较高的高原山区，肉厚鲜美，营养丰富，被已故林学家陈嵘誉为“竹笋之冠”。加之中秋后才出笋，形成竹笋上市季节反差，它深受欢迎。

冬笋则是冬日藏在土中的毛竹笋。年夜饭上，胃里盛满了油腻，一碗咸畲冬笋汤就成了餐桌上的宠儿，清淡可口，不一会儿，汤碗就见了底。

笋者，竹萌也。说到“食笋文化”就不得不提竹，人们赞扬竹

子具有中通外直、不惧逆境、宁折不屈的品格。苏轼曾写道：“可使食无肉，不可居无竹。无肉令人瘦，无竹令人俗。”每每想到此句，便心生感慨，要想不俗又不瘦，只需餐餐笋煮肉。

## 知识杂货铺

**美食中的植物** 蒲——香蒲的假茎，俗称草芽。蒲菜入宴在我国已有2000多年历史，《周礼》上有“蒲菹”的记载，《诗经》中也多处提到蒲，如《陈风·泽陂》中“彼泽之陂，有蒲有荷”。食用、栽培蒲菜多次出现在一些文献记载中，而且蒲芽是做菜、煲汤的珍品。

**美食中的器具** 甑——中国古代的蒸食用具，像一口锅，可盛食物，但底部有很多空隙的箅（bì），让蒸汽可以升腾上来将食物蒸熟，类似于我们今天用的蒸锅。

## 传统文化故事馆

### 孟宗哭竹生笋

孟宗，三国时吴国江夏（今湖北省孝昌县）人，年幼丧父，母亲独自抚养他长大成人。

孟宗对母亲非常孝顺，有一天母亲突然病倒了，他心里十分着急。病弱的母亲没有食欲，身体越来越差，有天早晨，母亲突然对孟宗说想喝一碗笋汤。于是孟宗赶忙出门寻找竹笋。

可是此时正值严冬，别说鲜笋，就连青翠的竹叶都没有，想着病床上的母亲，孟宗无计可施，只能在林中扶竹哭泣。他的泪水滴落在泥土中，突然听见地裂之声，只见地上长出数茎嫩笋。孟宗小心翼翼地将竹笋拗下，回家煮了鲜笋汤，母亲喝了没多久就痊愈了。

这便是《二十四孝》中“哭竹生笋”的故事。我们今天读来觉得这个故事略显荒诞，但当时意在宣扬孝道，在流传中也被不断加工。尽管如此，今天在孝感市孝昌县周巷镇还留有孟宗遗址、孟宗书屋、孟宗哭竹港、泣笋台及双峰山滴翠园等遗迹。

# 牡蛎打造了<br>中国桥梁史上的奇迹

课本 舌尖上的 KEBEN

父亲忽然看见两位先生在请两位打扮很漂亮的太太吃牡蛎。一个衣服褴褛的年老水手拿小刀一下撬开牡蛎，递给两位先生，再由他们递给两位太太。她们的吃法很文雅，用一方小巧的手帕托着牡蛎，头稍向前伸，免得弄脏长袍；然后嘴很快地微微一动，就把汁水吸进去，牡蛎壳扔到海里。

——莫泊桑《我的叔叔于勒》

选文《我的叔叔于勒》是法国作家莫泊桑创作的短篇小说，主要描写了“我”和家人去哲尔赛岛途中，见到叔叔于勒竟然在做卖牡蛎的工作，刻画了父母发现富于勒变成穷于勒时不同的心理和行为表现，讽刺了阶级社会中人与人之间的冷漠自私。

选文中对吃牡蛎的描写极为形象细致，让人垂涎欲滴。牡蛎又叫生蚝，是人类可利用的重要海洋生物资源之一，为全球性分布种类。我们知道很多欧美人喜欢生食，将生牡蛎简单冲洗后，淋上柠檬汁直接剜出肉食用。这种吃法虽然最大限度地保留了鲜味，但仅用水冲洗是洗不干净的，而且牡蛎中有一些寄生虫，吃多了不利于身体健康。不过牡蛎在心灵手巧的中国人手里，被制作成了各种美味珍馐，也让吃货们爱上了来自大海的味道。

## 美食直通车

**美食小地图**

我的名字：牡蛎

我的别称：生蚝

美食坐标：去福建吃蚵仔煎、去浙江吃海蛎黄、去山东吃牡蛎包子。

我与地名那点儿事：广东人过年必吃传统菜肴“好市发财”（“蚝豉发菜”的谐音），蚝肉煮熟之后摊晾在竹篾上晒成金黄色，便成了蚝豉。

牡蛎在不同的地方有不同的叫法，浙江沿海一带称牡蛎为“蛎黄”，胶东半岛一带称牡蛎为“石蛎”“海蛎子”，广东称牡蛎为

“蚝”，而在闽南及台湾一带将其称为“蚵仔”。真可谓一方水土养一方牡蛎，各有其名。

## 牡蛎竟然可造桥

宁波奉化流传一首歌谣“蛎菜美，劝君尝，酥白玉，心身康”，说的便是牡蛎味美，且营养价值极高，能促进身心健康。牡蛎还具有丰富的药用价值，我国多部古代医书中均有记载，如《神农本草经》中记载，久服它可以“强骨节，杀邪鬼，延年”。

牡蛎分为蛎黄和蛎房两部分。可食用的肉为蛎黄，味道鲜美；蛎房即牡蛎壳，有药用价值。牡蛎在深秋之后肉质更为肥嫩，营养也更丰富。自古以来，沿海人民普遍喜爱食用牡蛎，古罗马人曾经誉其为“海中美味——圣鱼”。

牡蛎是软体动物，身体呈卵圆形，生活在浅海7米左右的泥沙中，蛎肉被裹在坚硬的壳里，宛如珍宝藏在其中。它有两个外壳，其中一个大而凹，常固定在岩石上；另一个平而小，呈盖状。牡蛎的外壳很神奇，能承受极大的压力，因此古代劳动人民还首创了“种蛎固基法”。著名的泉州洛阳桥在建造时，为使桥墩坚固，不被海潮冲走，人们用了几年的时间将牡蛎养殖在基石上，使之胶结牢固，从而修造了一座历经大风大浪仍屹立千年不倒的名桥。这是世界上把生物学应用于桥梁工程中的先例。

## 怕牡蛎被抢的苏轼

苏轼被贬至惠州时，曾途经东莞。友人以牡蛎款待，他从此便爱上了这种外表丑陋粗犷、内里美味嫩滑的海味。他不仅隔三岔五托人买牡蛎解馋，之后被贬到蛮荒的海南儋州后，更是过足了嘴瘾，甚至他在信中嘱咐儿子不要乱说，怕北边的朋友知道此物后，过来分吃他的美味。

牡蛎一生吞吐着海水，将鲜味锁在自己柔嫩的身体里。若论哪道牡蛎小吃最有特色，当推闽南一带的蚵仔煎。将韭菜切成一指节长短，和洗净的蚵仔（牡蛎）拌在一起，连同番薯粉稀释成的面糊，入油锅煎至金黄。闽南有一俗谚“肥蚵仔肥韭菜”，农历二月正值新韭菜和蚵仔的“豆蔻年华”，这时煎制的蚵仔煎外酥里嫩，轻易便能俘虏人们的胃。

无论南北方，牡蛎都是烧烤摊上耀眼的存在。大个儿的牡蛎肉质饱满，浇上蒜泥、小米辣、青葱和海鲜汁，在炭火之上看着嫩白的肉慢慢缩小，渗出汁水，发出吱吱的响声，人们不自觉地跟着吞咽口水。一口咬下去，蒜泥焦香溢满唇齿之间，配上溢出的鲜美汁水，它的美味谁能抵挡？

在北方，牡蛎最家常的做法是蒸煮。豆腐牡蛎汤是一道特色菜，将牡蛎洗净，用水氽一下，再将豆腐切丁，与牡蛎一起在锅中熬煮，最后撒上葱花和调味料，就可以享受豆腐牡蛎汤的鲜滋味了。胶东半岛则把牡蛎做成萝卜丝海蛎包子，香得路人停下脚步，非买一个吃不可。

牡蛎丰腴味美，有“海中牛奶”的美誉，它是来自大海的馈赠。吃一口牡蛎，仿佛海风的气息扑面而来，惊涛拍岸声从耳旁响起。以蚝入菜的佳肴遍布各个沿海城市，一条长长的海岸线也是一条诱人的美食线。

## 知识杂货铺

**美食中的建筑** 洛阳桥——又叫万安桥，建于北宋皇祐五年(1053年）至嘉祐四年(1059年)，原长约1200米，有扶栏500个、石狮28尊、石亭7所、石塔9座。历经重修，现桥长834米，尚存石塔3座和济亨亭，是全国重点文物保护单位。

**美食中的历史** 蚵仔煎——公元1661年，荷兰军队占领台南，泉州南安人郑成功从鹿耳门率兵攻入，意欲收复失土。郑军势如破竹，大败荷军，荷军一怒之下，把粮食全部藏匿。郑军在缺粮之际急中生智，就地取材，将台湾特产蚵仔、番薯粉混合加水，煎制成饼吃，竟深受士兵喜爱。

## 传统文化故事馆

### 英国人为何不爱吃牡蛎

在英国人“最讨厌的十种食物”中，牡蛎上榜了，甚至很多英国人觉得它不该作为一种食物被人们食用。

不过在19世纪初的英国，牡蛎是一种十分亲民的食物。1851年，伦敦的海鲜市场一年就卖出了5亿只牡蛎。按照当时的人口算下来，平均每位伦敦市民每年就得吃上200只。一便士4只的牡蛎，不分贫富人人都能买得起。除了便宜美味外，牡蛎还极具营养，是当时伦敦的代表性食物。

然而可惜的是，一次灾难性的食物中毒事件，使牡蛎的命运从此改变。1902年11月10日，温切斯特市政厅举办了一场牡蛎盛宴。在尽情享用过佳肴后，客人们却遭遇了非常严重的食物中毒。超过100人的宴会上，几乎每个吃过牡蛎的客人都病倒了，甚至还有4个人因此病逝。

经过调查才发现，这一切均与令人担忧的公共卫生有关。当时的城市规划者认为，污水能作为养分使牡蛎增产。而市政府也认为，牡蛎可以过滤一些杂质，使水质变好。所以牡蛎养殖场常常被设置在污水管道的出口处。于是，伤寒杆菌便潜伏在牡蛎中，食用牡蛎的人自然就被感染了。

就是这小小的伤寒杆菌，敲响了英国牡蛎产业的丧钟。“有毒的牡蛎” 一传十、十传百，公众也是从那时起开始质疑牡蛎的食用安全。一朝被蛇咬，十年怕井绳，这或许就成了英国人潜意识里不喜欢牡蛎的原因。

# 苏轼都赞不绝口的芋头

我先是住在监狱旁边一个客店里的，……但一位先生却以为这客店也包办囚人的饭食，我住在那里不相宜，几次三番，几次三番地说。我虽然觉得客店兼办囚人的饭食和我不相干，然而好意难却，也只得别寻相宜的住处了。于是搬到别一家，离监狱也很远，可惜每天总要喝难以下咽的芋梗汤。

——鲁迅《藤野先生》

选文《藤野先生》是鲁迅先生创作的一篇回忆性散文，选段中描述了“我”到日本仙台求学，颇受学校老师重视，最初住在一家客店，虽然环境一般但饭食不坏，因为挨着监狱，被先生劝说后搬到另一家客店，饭食却没那么可口，尤其是“难以下咽的芋梗汤”。

芋梗汤，顾名思义由芋头梗和叶熬制而成。芋梗可入药，有祛风、利湿、解毒、化瘀之功效，对荨麻疹、腹泻、蜂蜇伤等有奇效。清代的《札朴》中记载，芋头的叶柄可以作为蔬菜食用，但入口有强烈的麻涩味道，人们多将其做成佐餐小菜食用。不过比起梗和叶柄，芋头的茎块更适合做羹汤，也可以代替粮食或制作成淀粉。芋头是一种重要的蔬菜，也是一种粮食作物，营养和药用价值很高，是老少皆宜的营养品。

## 美食直通车

美食小地图

我的名字：芋头

我的别称：蹲鸱

美食坐标：去奉化吃芋艿头、去靖江吃香沙芋、去杭州吃红芋。

我与地名那点儿事：广西荔浦芋头是其中的佼佼者，清康熙年间就被列为广西首选贡品，于每年岁末向朝廷进贡。

“青青竹竿，头顶阳伞，阳伞底下一窠（kē）蛋”，打一食物名称——

答案是芋头！

芋头像是为做羹而生的，自带黏液，都不用勾芡，一点菜油再

加一点酱油，一碗美味无比的油酱芋头便上桌了。芋头滑溜溜的、粉嫩嫩的，口感极好。喜欢甜口的，百合莲子香芋汤或椰汁香芋鸡汤都是不错的选择。

在我国南方地区，农历七月半光景，是芋头大放异彩的时候，家家户户用鸭煮芋头祭祀祖先，刚收获的芋头吸纳了鸭子的油气，闪着诱人的光泽。腊月前后，人们就会做一道“辣茄酱”，把芋头切成丁，和笋干丁、萝卜丁、香干丁、肉丁、鸡爪丁、乌狼鲞丁一股脑儿混在一起，加入豆瓣酱和酱油，煸炒得金黄油亮，加水在土灶上慢慢焐，这是一道融合海鲜、肉和蔬菜味道的家常菜。

### 芋头为何被称为“鸱”

我国是芋头的原产地之一，以珠江流域及台湾地区种植最多，长江流域次之，其他省市也有种植。中国栽培芋头的历史悠久，战国时期《管子》中就有了芋头的记载。因其外形像蹲伏的鸱鸟，《史记》中把芋头称作“蹲鸱”：“吾闻汶山之下，沃野，下有蹲鸱，至死不饥。”可见芋头在当时已经作为主食用来充饥了。

唐代，许多平原地区普遍种植芋头，王维在诗中写“汉女输橦布，巴人讼芋田”，因为蜀中所产芋头是当时人们的重要主食之一，因此农民常常因为田事发生讼案。杜甫有“园收芋粟不全贫”的诗句，可见在这个北方诗人心中，芋头和当时北方的主要粮食小米，有着同样重要的地位。

芋头在古代除了被用来度过荒年外，还被制成人形酥饼，被称为“芋郎君”，是一种节庆食品。唐人冯贽在《云仙杂记·上元影灯》中记录，上元节时，家家户户制作芋郎君，男女老少皆食用。

到了南宋，由于冬小麦的逐渐推广，以及冬小麦和水田稻的轮作，能用于种芋的闲田日渐减少。南宋以后，芋头便转变为一般蔬菜。不过，在广大老百姓心中，芋头依然有着其他蔬菜不可比拟的代粮价值，在各个角落替补着主食。南宋诗人范成大在《秋日田园杂兴》中就写道：“莫嗔老妇无盘饤，笑指灰中芋栗香。”

### 美味不过“玉糁羹”

据《奉化县志》记载，芋艿头在宋代已有种植，当时又叫“岷紫”，距今已有700余年历史。南宋监察御史、太学博士陈著（浙江奉化人）在《收芋偶成》一诗中写道：“数窠岷紫破穷搜，珍重留为老齿馐。粒饭如拳饶地力，糁羹得手擅风流。”意思是说芋艿很好吃，是奉给长辈用的美味佳品。

芋头一直是人们喜爱的佳蔬，唐代王维在《游化感寺》中描写了山居寺院的素食：“香饭青菰米，嘉蔬紫芋羹。”菰米是古代一种珍贵的谷物，用它做成的饭叫“雕胡饭”，将芋头制成的羹汤与菰米饭相提并论，足见其美味。苏轼也对芋头羹大加赞赏，他被流放海南时，生活清贫，只能以山芋充饥，儿子苏过想做点好吃的让父亲高兴，只能把目光放在芋头上，做出了一道“玉糁羹”。苏轼还为此赋诗一首，“香似龙涎仍酽白，味如牛奶更全清。莫将南海金齑脍，轻比东坡玉糁羹”，赞其美味胜过隋炀帝极为喜爱的“金斋脍”。清代诗人袁枚在《随园食单》中记录了一道关于芋头“最好的家常菜”：“芋煨极烂，入白菜心，烹之，加酱水调和，家常菜之最佳者。”

中秋节吃芋头是我国源远流长的一个习俗。古时，北方农村每年只有秋季收获一次稻黍，人们认为这是土地神和自己的祖先暗中保佑的结果。有些地方认为，八月十五是土地神得道升天的日子，于是人们将煮熟的芋头，或是把米粉芋（加入芋头煮成的米粉汤）装在大碗中，摆上供桌，来祭谢土地神。

芋头可以做成很多菜式，如蚬肉香芋煲、芋头扣肉、反沙芋头、芋头排骨煲、酱香芋夹、芋头烧鸡、虾仁芋头煲，还可以做成点心香芋饼，或者甜品芋茸西米露。

## 知识杂货铺

**美食中的俗称** 乌狼鲞——浙江沿海一带对河豚鱼干的俗称。每年清明前后，是河豚旺发时节，渔民就会前去捕捞。河豚多得吃不完时，渔民们就会逐条将它们从背部剖开，除去有毒的部分，将鱼肉在水中反复清洗，除去血块，撒上海盐，然后放在烈日下暴晒，这样就腌制成了硬邦邦的、状如树皮的乌狼鲞。

**美食中的民俗** 土地神——又称“福德正神”“土地公”“土

地爷”等，是民间信仰最为普遍的神灵之一。“土地诞”即农历二月二，也称“社日节”，社日分为春社日和秋社日。春祭是祈祷敬神，秋祭则是答谢求神。在举行春秋大祭时，人们往往还要在庙前或谷场上搭戏台，由祠堂出钱或由各家各户筹集，请戏班子来唱大戏。

## 传统文化故事馆

### 林则徐巧用芋泥讽洋人

芋泥是福建菜中传统的甜食之一，是将芋头煮熟捣烂后加红枣、樱桃、瓜子仁、白糖、桂花和熟猪油等辅料制成。每当宴席接近尾声时，端上餐桌的最后一道“压轴”菜，通常都是香郁甜润、细腻可口的芋泥。

芋泥之所以声名远播，除了味道可口外，还得益于一段民间佳话，这便是林则徐用芋泥教训洋人的故事。

1839年，林则徐以钦差大臣的身份到广州禁烟。英、美、俄、德等国的领事，用西餐招待林则徐，饭后上了一道冰激凌。林则徐不知冰激凌为何美食，看到有气冒出，以为是热的，便用嘴吹之，好让这道菜凉了再吃。领事们看到大笑，但林则徐不动声色。过了不久，林则徐宴请领事们吃饭。宴席上都是凉菜，之后上了一道芋泥，颜色灰白，表面闪着油光，看上去没有一丝热气。领事们以为它是一道凉菜，用汤匙舀了就往嘴巴里送，谁知被烫得哇哇叫。林则徐含而不露，悠然地说：“这是中国名菜芋泥，外冷内热，与冰激凌表面冒气、内里冰冷正好相反。”

# 鲈鱼，被写进史书的鲜美

江上渔者

［宋］范仲淹

江上往来人，但爱鲈鱼美。
君看一叶舟，出没风波里。

《江上渔者》是北宋文学家、诗人范仲淹创作的一首五言绝句。江上来来往往的游人只喜爱鲈鱼的鲜美，却不知道每一条鱼都是渔民出生入死冒险得来的。诗人通过描写渔民劳作的艰辛，唤起人们对劳动者的同情。这首诗语句精练，朴实无华，用最简单的语句表达了最真挚的感情。

鲈鱼作为食用历史非常悠久的一种近海鱼类，以其优越的口感和滋味，成功俘获了一代又一代文人墨客挑剔而讲究的肠胃，诗人们对于鲈鱼，从来不吝啬笔墨与赞美。李郢在浙江赴朋友的离别宴，尝过鲈鱼之后便赋诗：“麦陇虚凉当水店，鲈鱼鲜美称莼羹。”李贺笔下则是“鲈鱼千头酒百斛，酒中倒卧南山绿”，吃着鲈鱼，酩酊大醉，躺在风景中好不自在！还有诗人赵嘏，独自在边塞，担心着“鲈鱼正美不归去”，足以见得这一口鲈鱼让多少背井离乡的人魂牵梦萦。

## 美食直通车

**美食小地图**

我的名字：鲈鱼

我的别称：虎头鱼

美食坐标：去苏州喝鲈鱼莼菜汤、去常熟吃清蒸鲈鱼、去嘉兴吃鲈鱼蒸蛋。

我与地名那点儿事：松江鲈鱼以松江（今吴淞江）秀野桥的最为有名，吴淞江源出太湖，东入大海，盛产鲈鱼，苏州吴江亦是有名的“鲈乡”。

鲈鱼有海鲈鱼、松江鲈鱼和加州鲈鱼等品种，我们常见的是松江鲈鱼、海鲈鱼。秋末冬初，鲈鱼体内积累了大量的脂肪，富含丰富的蛋白质和维生素，此时是食鲈的最佳时节。鲈鱼是一道极其珍贵的补品，肉质洁白肥嫩，细刺少，无腥味，肉坚实呈蒜瓣状，有着一种独特的新鲜滋味。

## 乾隆念念不忘的鲈鱼羹

上海松江是一座著名的历史古城，此地所产的鲈鱼肉嫩而肥、鲜而不腥。松江鲈鱼自古名扬天下，被誉为江南名菜。在汉代，人们就把吴中的鲈鱼脍与莼菜一起做羹，成为当时盛行的美食。北宋李昉《太平广记》载，吴地献贡品给隋炀帝，其中就有鲈脍。把切好的香薷花叶拌进鲈鱼片，芳香宜人，这就是“金齑玉脍”。据说，乾隆皇帝两次下江南，都特地赶往松江府品尝鲈鱼羹，品尝后赞不绝口，命松江知府年年进贡。

对新鲜的食材来说，最好的做法是清蒸，清蒸三丝鲈鱼卷保留了鲈鱼的绝佳味道。三丝是金华火腿丝、鲜竹笋丝和香菇丝，配料有黄瓜丁、彩椒丁和橙片，将三丝用新鲜豆腐皮包卷，铺在对半剖开的鲈鱼肉上，撒上黄瓜丁和彩椒丁来增色，用橙片来提味，金华火腿丝的咸香、豆腐皮的柔软、鲜竹笋的新鲜和香菇的香气，使得这道菜清新脱俗，清淡不腻。想来古人也是这般吃法，得此真味。

晋朝张翰的“莼鲈之思”更是被传为佳话。西晋时期，文学家、书法家张翰在朝廷中担任大司马东曹掾。看到天下纷乱、朝廷腐败，他深感忧虑。张翰以秋风渐起，心中思念家乡的鲈鱼、莼菜为借口，从京城洛阳辞官返乡，垂钓于江南水乡一隅——周庄镇南湖畔。欧阳修为张翰辞官返乡的举动留下这样的诗句——“清词不逊江东名，怆楚归隐言难明。思乡忽从秋风起，白蚬莼菜脍鲈羹”。后来，人们便用成语“莼鲈之思”来表达对家乡的思念之情。

### 左慈空盆变鲈鱼

鲈鱼的传奇故事在罗贯中所作的《三国演义》第六十八回“甘宁百骑劫魏营，左慈掷杯戏曹操”中被演绎得淋漓尽致。有一天，曹操大宴宾客，高朋满座，佳肴琳琅。曹操指着满桌的菜说，今天盛情邀请大家来，山珍海味不少，但还是有点遗憾，就是缺少了松江鲈鱼这道名菜。这时，有个叫左慈的人说可以马上变出来，说着，就让人端来一个盛满水的盆子，顷刻从盆中钓出几条松江四鳃大鲈鱼，放于殿上，引得满座宾客惊叹不已。可能你会说，小说家之言不可信，但此事也记载于正史《后汉书·左慈传》中，可见松江四鳃鲈鱼早在汉代便美誉天下了。

在江南，人们烹调鲈鱼不用刀，而是用竹筷从鱼口插入鱼腹，取出内脏，洗净以后仍然放还腹中，这才是吃货的顶级吃法。

## 知识杂货铺

**美食中的历史** 金华火腿——浙江金华特产。据说宋代抗金名将宗泽打了胜仗，乡亲们争送猪腿肉让其带回开封慰劳将士。因路途遥远，乡亲们撒盐腌制猪腿以便携带。后宗泽将“腌腿”献给朝廷，康王赵构见其肉色鲜红似火，赞不绝口，赐名“火腿”。

**美食中的人物** 左慈——东汉末年著名方士。《三国演义》里写他是一个会法术的妖人，《后汉书》中不仅说他“少有神道”，还记录了他“郤入壁中，霍然不知所在”。书中描述的法术就是我们今天所说的穿墙术或隐身术。后来在一些神仙志异类的书籍中也能见到相似说法。

## 传统文化故事馆

### 吕洞宾朱砂点四鳃

松江鲈鱼又名四鳃鲈鱼，因鱼鳃上有两道纹路和发红的痕迹而得名，是我国鱼类中唯一以地方命名的鱼种。

传说八仙中的吕洞宾，一次下凡到松江（今吴淞江）秀野桥旁的饭馆喝酒，老板端来一盘塘鳢（lǐ）鱼，他吃得津津有味，但总觉得腥味太重，肉质太粗。他问店主："这种鱼叫什么名字？"店主如实告诉了他，他还想见见活鱼，店主便从后厨用盆子端了六条活鱼来。吕洞宾一看觉得此鱼好生丑陋，便一时兴起，要来了一支毛笔和一碟朱砂，饱蘸笔端，在鱼的两颊上各描了一条纹，又在两鳃的鳃孔前各画了两个红色鳃状物。随后，吕洞宾将鱼买下，放生在秀野桥下。相传这六条被放生的塘鳢鱼变成了四鳃鲈鱼，成为鲈鱼最早的"祖先"。

其实四鳃鲈鱼与常鱼一样，只有两鳃，只是两边鳃膜上各有两条橙黄色的斜条纹，乍看像四片鳃叶外露。清初诗人朱彝尊写诗描绘过松江鲈鱼的特点："不信轻舟往来疾，筠篮验取四鳃红。"因为生态环境的破坏，野生松江鲈鱼产量锐减，如今已被列为国家二级保护动物。

# 为什么菌子这么普通，却这么好吃

昆明菌子极多。雨季逛菜市场，随时可以看到各种菌子。最多，也最便宜的是牛肝菌。……牛肝菌色如牛肝，滑，嫩，鲜，香，很好吃。炒牛肝菌须多放蒜，否则容易使人晕倒。青头菌比牛肝菌略贵。这种菌子炒熟了也还是浅绿色的，格调比牛肝菌高。菌中之王是鸡㙡，味道鲜浓，无可方比。鸡㙡是名贵的山珍，但并不真的贵得惊人。一盘红烧鸡㙡的价钱和一碗黄焖鸡不相上下，因为这东西在云南并不难得。

——汪曾祺《昆明的雨》

选文《昆明的雨》是汪曾祺先生的经典散文，是一篇怀旧之作，不仅叙旧事，还述旧情。文章通过“雨”串联起昆明雨季的景、物、事，借写昆明的雨来表达对过往岁月的想念，对人世间平淡生活的珍爱。文章用了不少篇幅描写云南的菌子。云南复杂的地形地貌，多种多样的森林类型、土壤种类以及得天独厚的立体气候条件，孕育了丰富的野生食用菌资源，其种类之多、分布之广、产量之大，名扬四海。

中国是世界上最早认识食用菌的国家之一。庄子在《逍遥游》中就有“朝菌不知晦朔”之句，其意是这种菌生命周期特别短，早晨是个完好的菌，晚上就衰败了。这说明我们的先人当时就已经开始观察菌类的生长习性了。

## 美食直通车

美食小地图

我的名字：菌子

我的别称：蘑菇

美食坐标：去云南吃菌子火锅、去黑龙江吃小鸡炖蘑菇、去福建吃佛跳墙。

我与地名那点儿事：口蘑，是市场上最昂贵的蘑菇之一。张家口的传统美食“烧南北”，以塞北的口蘑和江南竹笋为主料，味美醇香。

每年5月底，西南季风携带着雨水降落在沟壑纵横的云南大地，一直缠绵至10月。经过雨水滋润，森林里的一切开始疯狂生长，特别是野生菌子，蓬蓬勃勃，一个个红如胭脂、青如绿苔、褐如牛肝、白如蛋白，像一朵朵盛开的小花。

## “菌”临天下的云南

菌出云南，说得没错，云南是全世界食用野生菌最集中的地区之一，已知的野生食用菌达800多种，占国内总数量的百分之八九十，接近全世界食用品种的一半。整个云南，可以看成是一片连绵的菌山。野生菌除了品种繁多，菌期也很长，涵盖夏、秋、冬三季。

菌类在我国的食用历史悠久，多种文史资料中都有记载。如司马迁在《史记》中说，“伏灵者，千岁松根也，食之不死”，伏灵即茯苓，通常是指茯苓菌核；我国现存最早的一部完整的农书《齐民要术》中详细介绍了木耳菹的做法；唐人段成式的《酉阳杂俎》中也有关于竹荪的描述等。

菌类中最多、最常见的要数牛肝菌。牛肝菌又称羊肝菌，有白、黄、黑、红等种类，其中白牛肝菌味道鲜美，营养丰富。除新鲜食用外，还可以切片，加工成小包装，用来配制汤料或做成酱油浸膏，也可以制成盐腌品食用。

鸡纵（zōng），又名鸡㚇（zōng）、鸡宗、鸡松、鸡脚菇、蚁纵等，被称为菌中之王。肉肥硕壮实，类似鸡肉，故名鸡纵。鸡纵经过晾晒、盐渍或用植物油煎制而成为干鸡纵、腌鸡纵或油鸡纵，可以贮存较长时间。明人张志淳撰写的《南园漫录》记载：

“鸡㚇，菌类也……采后过夜则香味俱尽……”因此，珍贵的鸡坳菌，最好吃新鲜的。云南富民县是鸡坳之乡，有青、白和黄三种鸡坳。富民的腌鸡坳是不可不尝的特色美食，色泽金黄或褐黄，芳香醇厚，质地细腻，松软爽口。鸡坳多生于山野的白蚂蚁窝上，至今未成功实现人工栽培。鸡坳刚出土时菌盖呈圆锥形，色泽黑褐或微黄，菌褶呈白色，老熟时微黄，有独朵生，大者可达几两，也有的成片生。

禄劝彝族苗族自治县是云南鼎鼎有名的菌乡，这里出产松茸。北宋著名药学家唐慎微在编撰的《经史证类备急本草》中已开始使用松茸这一名称。因菌生于松林下，菌蕾如鹿茸，故名松茸。宋代陈仁玉在编撰的《菌谱》中称此菌为松蕈（xùn），明代李时珍的《本草纲目》则把松蕈列在香蕈条下，又称台蕈、合蕈，后经日本经济学家小林义雄考证，认为松蕈即松茸。松茸是亚洲地区的特有物种，中国是出产松茸的国家之一。松茸，外表看上去就是一把伞状，色泽鲜美，菌盖为褐色，菌柄白色，浑身都有茸毛状鳞片；菌肉白嫩肥厚，质地细密，有浓郁的特殊香气，口感细腻，味道清香，食之爽口嫩滑，为餐桌上的美味佳肴。

松露是一种生长于地下的野生食用真菌，外表崎岖不平，色泽介于深棕色与黑色之间，有的小如豆，有的大如苹果，切开来看，里面的纹路像迷宫一样，仿佛藏着无尽的宝藏。黑松露的气味非常特殊，难以形容，奇怪的是，人人都一试难忘。黑松露在欧洲的食用历史悠久，以法国、意大利、西班牙最为盛行。

## 菌类，配菜中的“神器”

云南人最豪迈的吃法莫过于野生菌火锅了，鸡纵的鲜香，牛肝菌的肥嫩，羊肚菌的清脆，竹荪的爽口……搭配鲜上加鲜的土鸡浓汤，让人欲罢不能。在菌子面前，连羊肉片都失去了吸引力。

东北人也爱吃菌子，有句俗语道“姑爷进门，小鸡断魂”，说的便是新姑爷陪媳妇回娘家，老丈人家一定会做小鸡炖蘑菇款待。作为东北四大炖之一的小鸡炖蘑菇，有很多讲究，不但要用小柴鸡，还要在杀之前灌上一杯人参酒去腥，蘑菇则选用野生榛蘑。因为榛蘑肥厚，能充分吸收柴鸡汤的鲜香，直到汤汁炖得浓稠，鸡肉软烂，蘑菇也格外爽滑入味。

佛跳墙是福建名菜，将花菇、杏鲍菇、鲍鱼、海参、墨鱼、瑶柱等十几种原材料汇聚到一起，加入高汤和福建老酒，文火煨制，既有各种食材共同的鲜味，又能保持各自的特色，吃起来软嫩柔润，浓郁鲜香，荤而不腻，烂而不腐，回味无穷。

菌子虽然长在土里，但它的美味已席卷老百姓的餐桌。菌子就像充满魔力的小精灵，任何菜里加上几个，瞬间就充满鲜的灵魂。

## 知识杂货铺

**美食中的著作** 《酉阳杂俎》——唐代段成式创作的笔记小说集，包括前集和续集两部分。其中，前集20卷，分玉格、贝编、物异、诺皋记、广动植等30篇；续集10卷，分贬误、寺塔记等6篇。所记奇且繁，或录秘藏，或叙异事，道佛人鬼、灾祥灵验及琐闻杂事，无不毕具。

**美食中的民俗** 东北四大炖——猪肉炖粉条、小鸡炖蘑菇、鲇鱼炖茄子、排骨炖豆角。这四样炖菜不仅味美，还富有地域特色。在东北地区还有一个顺口溜呢：猪肉炖粉条，馋死野狼嚎；小鸡炖蘑菇，吃饱不想夫；鲇鱼炖茄子，撑死老爷子；排骨炖豆角，天下没处找。

## 传统文化故事馆

### 黑松露为何被称为“猪拱菌”

关于松露的第一份文字记载可以追溯到公元前5世纪，古巴比伦人、古希腊人和古罗马人都喜爱这种美食，雅典人用松露来供奉爱神维纳斯。在意大利和法国的传统菜系中，松露一向被视为一种不可多得的美味，人们把它和鱼子酱、鹅肝酱两种高级美食并列，号称“世界三大珍味”。19世纪法国美食家布里亚·萨韦琳曾经说过，“如果没有松露，世界上就没有真正的美餐”。

黑松露产量很少，全世界极其少见，主要分布于阿尔卑斯山脉南段和喜马拉雅山脉的东南地区。松露对生长环境非常挑剔，只要阳光、水分或者土壤的酸碱值稍有变化就无法生长。黑松露一生都在地下，地表通常看不到它的丝毫痕迹，但一些嗅觉灵敏的动物能准确地找到它们。比如母猪，因嗅觉灵敏，在6米远的地方就能闻到埋在地下25厘米至30厘米深的松露。据说这是因为松露气味与公猪身上的雄性荷尔蒙味道十分相似，所以在云南，松露又被称为“猪拱菌”。

# 在古代你可能吃不起一只鹅

她又擦了一根。火柴燃起来了，发出亮光来了。亮光落在墙上，那儿忽然变得像薄纱那么透明，她可以一直看到屋里。桌上铺着雪白的台布，摆着精致的盘子和碗，肚子里填满了苹果和梅子的烤鹅正冒着香气。更妙的是这只鹅从盘子里跳下来，背上插着刀和叉，摇摇摆摆地在地板上走着，一直向这个穷苦的小女孩走来。

——安徒生《卖火柴的小女孩》

选文《卖火柴的小女孩》是丹麦作家安徒生创作的一篇童话，它讲述了一个在圣诞夜卖火柴的穷苦小女孩五次划亮火柴，最后被冻死在大街上的悲惨故事。选段中，饥饿的小女孩在第二次擦亮火柴后，仿佛看见了香喷喷的烤鹅。

圣诞节是纪念耶稣诞生的重要节日，国外的家庭都十分重视，全家人团聚在一起吃圣诞大餐，互赠礼物，举行欢宴，并借圣诞树和圣诞老人增添节日氛围。圣诞节吃烤鹅，有着比较悠久的历史。在丹麦，人们在平安夜准备美食，餐桌上的烤鹅是必不可少的。将香料和果子塞进鹅的肚子里，放进烤箱慢慢加热，直到烤熟，烤鹅的香气顿时布满整个屋子。在食用时也可以拌上马铃薯、包菜与大量的浓汤肉汁。其后以米糕布丁作为饭后甜点，同时伴以果酒，一家人其乐融融，大饱口福。

## 美食直通车

**美食小地图**

我的名字：鹅

我的别称：雁

美食坐标：去广州吃深井烤鹅、去高邮吃风鹅、去腾冲吃鹅油拌饭。

我与地名那点儿事：河南信阳的固始鹅非常有名，早在隋代时就成“网红”了，和金华火腿并称“天下至味”。

在江南的清明时节，祭祖上坟是一件隆重的事情。这时候，水草丰茂，鹅肉最为鲜美，是祭祖时必不可少的祭品。祭祖后，全家分食一碗鹅肉。鹅皮油光锃亮，黄玉一般，鹅肉紧实，肥美鲜嫩，酱油揾一下，塞进嘴巴咀嚼，满嘴都是鲜气，舍不得咽下去。

## 历史上最贵的鹅

宁波人过端午节，毛脚女婿（未婚女婿）要挑一份重礼到女方家里，这种习俗称“端午担”。担子里的东西，少的有四色，多的有八色，有粽子、大黄鱼、鸡蛋、肉、糖、馒头等，其中鹅是不可缺少的。各样物品数量成双，寓意“成双成对，好事成双”。到了准丈母娘家，准丈母娘将端午担里的点心等礼品分送给亲戚朋友，以示定亲成礼，送嫁开始。在毛脚女婿回家之前，准丈母娘备礼让其带回，寓意“回礼”。

鹅是古人长期驯化鸿雁或灰雁得到的家禽，古人将鹅称为“舒雁”，先秦时期一度称其为雁。古代将雁视为聘娶时不可或缺的信物，因为古人认为它是冬去春来的飞禽，守时守信，飞行过程中有礼有节，且雁是忠贞之鸟，对于夫妻来说有着极好的寓意。因为野雁并不易得，所以很多时候人们以鹅代雁。历史上最贵的鹅，应该数松赞干布求娶文成公主后敬献给亲征大捷的唐太宗李世民的金鹅了。这是一只用纯金打造的大鹅，松赞干布还上贺表说：“夫鹅犹雁也，臣谨冶黄金为鹅以献。”

我国食鹅历史悠久。先秦时期，鹅就被视为“六禽”之一，虽然可供膳食，但多被当作礼器，用于祭祀或高级宴席。古代，判断宴席的好坏，那就看第一道菜是不是鹅！宋代达官贵人之间食鹅、送鹅之风盛行，南宋临安大饭店的菜单上，总有很多鹅类大菜。

## 你听说过在井里烤的鹅吗

关于鹅最古老的吃法是炙鹅，就是烤鹅。《齐民要术》中记载了四种炙鹅的方法，其中一种做法是将鹅肉切碎，用醋、酱、葱末、姜末、橘皮碎混合，敷在竹串之上，刷鸡蛋液后烤食，称为“捣炙”。还有一种“腩炙”的烤法，与我们今天的深井烧鹅类似。

深井不是地名，而是一种特制的烤炉。在地上挖一口约一米深的井，井底堆上木柴，在井口烤制食物。在井侧面挖一个小洞，既可便于空气流通，又可随时添柴。鹅的处理方法也很考究，去掉翅、脚、内脏，塞五香料在鹅腹内，在鹅背上开一个小口吹气后用铁扦封住，表皮抹上白醋和麦芽糖调制的脆皮水，就可以烤了。在广东，使用龙眼木或者荔枝木烧制的鹅是最讲究的，用这种树枝烧出来的鹅，会带有一种天然的果香。深井烧鹅皮脆肉润、丰腴不腻，是广式烧鹅中的佼佼者。

《红楼梦》中，宝玉生日那天的一道菜“胭脂鹅脯”令人印象深刻。明韩奕《易牙遗意》中记载：“鹅一只，不剁碎，先以盐淹（腌）过，置汤锣内蒸熟，以鸭弹（蛋）三五枚洒在内。候熟，杏腻浇供，名杏花鹅。”杏腻是腌渍过的杏花，因为颜色娇红，浇在鹅肉上，色泽似胭脂，所以既好看又暖胃生津。

清人李渔在《闲情偶寄》里写道：“鹅以固始为最。”因为固始县的人用粮食饲养鹅，所以这里的鹅肥瘦得益。浙江宁波象山也是知名的产鹅地，象山属亚热带海洋性气候，气候条件优越，境内丘陵平原相间，江河交错，自古以来就是候鸟野雁途中休憩的地方。这些野雁在当地良好的自然条件下，被驯化、选育而成为现在的象山白鹅。

象山养鹅历史悠久，在秦代就有白鹅饲养的记载。明朝嘉靖《象山县志》载："正德嘉靖间岁办杂色毛软皮五百一十张，鹅翎四千六百三十根，药材香附子七十斤。"后来，白鹅成为象山外销的土特产之一。

## 知识杂货铺

**美食中的动物** 六禽——先秦时期，肉类基本是专供贵族食用的，当时常见的肉食动物有"六禽""六兽""六畜"，其中"六禽"指雁、鹑（chún）、鷃（yàn）、雉、鸠、鸽。

**美食中的地理** 固始——河南省直管县。建县有近2000年的历史，东汉光武帝刘秀取"事欲善其终，必先固其始"之意，封开国元勋大司农李通为"固始侯"，"固始"由此得名，并沿袭至今。

## 传统文化故事馆

### 王羲之与奉化鹅

浙江宁波的奉化白鹅是当地知名特产，奉化鹅以体形大、肉质嫩、滋味美而著称。传说奉化鹅还与晋代大书法家王羲之有关。

王羲之隐居在溪口晚香岭村（现与原来的水碓头村、前岙村合并成剡源村）时，每天以“鹅”字为练，身边又养着好几对鹅。同村的一位老人见状好奇，问他：“先生，你养了这么多鹅，为什么不吃呢？鹅是给人吃的呀。”王羲之回答：“鹅是百禽之首，一身洁白，头顶殷红，好似一颗丹心；行路一步一个脚印，一生清白，刚正不阿，所以我不忍心吃它。”老人点头称是，愈加佩服王羲之的浩然之气。王羲之在晚香岭住了几年之后，练成了飘若浮云、矫若惊龙的独笔“鹅”字。

皇帝赏识王羲之的才能，六次下诏力邀他上京做官，并派人在晚香岭遍寻而不遇。其实王羲之为躲避皇帝召唤，去了剡县（今浙江嵊州西南），临走前把自己养的几对白鹅送给了这位老人。王羲之再三叮嘱老人，要精心饲养，老人不负王羲之所托，由几对鹅发展到一群，越养越多，一直传到现在，遍布奉化各地，这就是有名的奉化大白鹅。晚香岭因此又称万响岭，六下诏书之地称六诏，至今在六诏村仍留存着纪念王羲之的王右军祠，还有鹅池、砚石等遗迹。

# 被“以讹传讹”的南瓜

乡下人家总爱在屋前搭一瓜架，或种南瓜，或种丝瓜，让那些瓜藤攀上棚架，爬上屋檐。当花儿落了的时候，藤上便结出了青的、红的瓜，它们一个个挂在房前，衬着那长长的藤，绿绿的叶。

——陈醉云《乡下人家》

选文《乡下人家》为我们描绘了亲切自然、优美恬静的乡村风光。文章开头便描写了屋前的瓜架，乡下的人家都喜欢种植南瓜或丝瓜，这两种蔬菜不仅营养丰富，还对庭院起到一定的装饰作用，从发芽到开花结果，每个季节都像一幅优美的风景画。

“瓜”本义指挂在藤上的葫芦状果实，蔬菜中常见的有黄瓜、冬瓜、丝瓜、苦瓜、南瓜等，水果中常见的有西瓜、甜瓜、香瓜、哈密瓜等。我国人们“吃瓜”历史悠久，《诗经》中就有很多关于“瓜”的记载，如《国风·豳风·七月》：“七月食瓜，八月断壶。”丝瓜在我国有明确记载的文献是宋代的《卫济宝书》，但具体是北宋还是南宋成书并不能确定。南瓜传入我国的时间则稍晚，到了明代才有明确的文献记载。

## 美食直通车

美食小地图

我的名字：南瓜

我的别称：倭瓜

美食坐标：去江苏吃糖饼南瓜、去云南吃扇贝南瓜、去上海吃黄狼南瓜。

我与地名那点儿事：浙江、福建、台湾等地称南瓜为金瓜。在崇明，南瓜已有百年以上的种植历史，是崇明的传统特产。

有句歇后语很有意思，“南天门上种南瓜——难上加难”，两个“南”字，自然是难上加难。南瓜的优点非常明显，它产量大、易成活、营养丰富，荒年可以代粮，故又称“饭瓜”“米瓜”。

### 南瓜是最好的“伴手礼”

南瓜原产于南美洲，被哥伦布带到欧洲后，又被葡萄牙人引种到日本、印度尼西亚、菲律宾等地，明代开始进入中国。我国种植、培育南瓜已经有几百年的历史了。因为是异域引进的，所以南瓜有很多别名，如番瓜、倭瓜、金瓜等。文学作品中也有不少与南瓜有关的记载，如《西游记》第十一回中描写了均州（今湖北丹江口）人刘全以死进贡南瓜，《红楼梦》第四十回中描述众人行牙牌令时，刘姥姥一句“花儿落了结个大倭瓜”，逗笑了众人。

南瓜的品种多，吃法也多。用南瓜和面粉制成南瓜饼，是餐桌上孩子们的最爱。将南瓜切块，上笼蒸熟，去皮碾成泥，掺面粉，放上糖和少许牛奶，用手使劲揉匀，做成一个个直径为一拃的圆饼，放进铁锅，用油烙熟，即成南瓜饼。南瓜饼外酥里嫩，软糯香甜，还有润肺健脾的功效。清代王秉衡在《重庆堂随笔》中还写了，南瓜“味甚甘，蒸食极类番薯，亦可和粉作饼饵。功能补中益气”。

南瓜做的面食，最值得称道的当数南瓜包子。在经典秦腔戏《看女》中，母亲看女儿时带的就是南瓜包子。20世纪五六十年代，陕西农村无论是母看女、女探母，还是互相走亲戚，南瓜包子都是“伴手礼”。

元代贾铭在《饮食须知》中也曾提到“南瓜”：“味甘性温，多食发脚气、黄疸。同羊肉食，令人气壅。忌与猪肝、赤豆、荞麦面同食。”但此时哥伦布尚未发现美洲大陆，而中国亦未发现南瓜的其他野生品种，因此此书中的“南瓜”绝非今天我们所说的南瓜，而是其他的瓜类植物。凑巧的是，今天的南瓜也不适合与羊肉

同食，故以讹传讹，甚至派生出“南瓜早就传入中国”“亚洲也是南瓜原产地”等错误说法。

## 南瓜子是如何跻身主流社会的

李时珍在《本草纲目》中说：“南瓜种出南番，转入闽、浙，今燕京诸处亦有之矣。”书中还记载，南瓜生长极快，二月撒下种子，四月就能长出繁盛的藤蔓，最适合在土壤肥沃的沙地种植，种得好了，藤蔓可长到十余丈。南瓜果实肉厚且颜色金黄，不能生吃，刮去皮煮瓜瓤，味道有些像山药，跟猪肉一起煮更好吃，也可以作为甜品，用蜂蜜煎着吃。

清人高士奇在《北墅抱瓮录》中说：“南瓜愈老愈佳，宜用子瞻（苏轼的字）煮黄州猪肉之法，少水缓火，蒸令极熟，味甘腻且极香。”其意思是，老南瓜其实更好吃，用小火将老南瓜蒸得烂熟，就像蒸肉一样，味道被完全释放出来，极为香甜。

清人袁枚《随园食单》载：“将蟹剥壳，取肉、取黄，仍置壳中，放五六只在生鸡蛋上蒸之。上桌时完然一蟹，惟去爪脚。比炒蟹粉觉有新色。杨兰坡明府，以南瓜肉拌蟹，颇奇。”用南瓜拌蟹肉，味道奇特。

除了软糯香甜的南瓜肉外，南瓜子也是别具风味的零食。嗑瓜子的习俗在明代已有。《清稗类钞》中曾记载南瓜子也可作为食品。可见，香脆的南瓜子在晚清时期十分流行。

南瓜全身都是宝，连叶、茎和花都可以吃。《齐民四术》记载，南瓜叶可以作为蔬菜食用；《邳志补》记载，南瓜的嫩茎可食用，被称为“富贵菜”；清末何刚德的《抚郡农产考略》记载，“花叶均可食，食花宜去其心与须，乡民恒取两花套为一卷其上瓣，泡以开水盐渍之……以代干菜”，可见，南瓜花去芯和须，可以代替干菜。

因为南瓜多籽，加之藤蔓连绵不绝，便被赋予了多子多福、福运绵长等寓意，所以它经常出现在绘画、雕刻等艺术品上。对了，还有一些老人经常用“南瓜命——越老越甜”来比喻自己的人生越来越好呢！

## 知识杂货铺

**美食中的曲艺** 秦腔——中国戏曲剧种，流行于陕西、甘肃、宁夏等省、自治区，国家级非物质文化遗产。秦腔的表演技艺朴实、粗犷、豪放，富有夸张性，生活气息浓厚。

**美食中的历史** 嗑瓜子——明代太监刘若愚的《酌中志》记载，先帝（明神宗朱翊钧）喜爱用“鲜西瓜种微加盐焙用之”。西瓜子在民间也格外受欢迎，万历年间兴起于民间的时调小曲《挂枝儿》有《赠瓜子》一曲。在清代，关于葵花子的食用及售卖也只是偶有记载，南瓜子可食的记载则逐渐增多。到清末民初，南瓜子、葵花子开始流行，瓜子界逐渐形成“三足鼎立”的局面。

## 传统文化故事馆

### “南瓜礼”

作为一种礼物，送南瓜在我国浙江海盐一带非常盛行。

清代，海盐县有个名人叫张艺堂。张艺堂少年好学，人也聪明，但苦于家贫，没钱交学费。当时有个大学问家，叫丁敬身，张艺堂欲拜他为师。第一次上门拜见时，张艺堂背着一个大背囊，里面装着送给老师的礼物。

到老师家后，他放下沉重的背囊，从里面捧出两个大南瓜，每个重十余斤。旁人看到他送的“拜师礼”竟然是南瓜，都哈哈大笑。丁敬身先生却欣然受之，并当场煮南瓜饭，招待张艺堂。这顿饭虽然只有南瓜，但师徒二人吃得津津有味。

此后，“南瓜礼”在当地一直传为美谈。

第三辑

# 逛逛街边摊

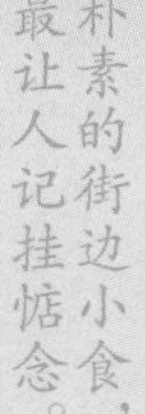

朴素的街边小食，
最让人记挂惦念。

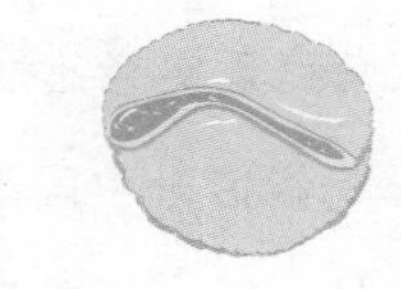

# 国宴上的小点心
# ——萝卜丝饼

王子西：这不孟实又打点去了。（拿出一张单子）这是今天的水牌，上什么菜你编排一下，下半晌瑞蚨祥东家、警备司令吴家有定座。我今天得赶致美斋头炉萝卜丝饼。

——何冀平《天下第一楼》

话剧《天下第一楼》是中国剧作家何冀平创作的三幕话剧，于1988年首演，主要讲述了以北京老字号“全聚德”为原型的福聚德烤鸭店，历经一波三折，最终仍面临倒闭的曲折故事，向人们展示了旧社会烤鸭店里堂、烧鸭师傅等人为代表的平民百姓的敬业精神，以及自我奋斗但最终无法实现自身价值的悲剧。选文中的王子西是福聚德的二掌柜，男主角卢孟实经他推荐当上了店铺掌柜。

选段中所提的“水牌”是指旧时中国民间留言、记事用的粉漆木牌。该木牌流行于全国各地，元、明时已有，是告示牌的一种。“瑞蚨祥”是一家老字号服装店，创建于1862年，经营绫罗绸缎、皮货等高档商品。“致美斋”是北京一家著名饭馆，始建于明崇祯十七年（1644年），最早是一家经营姑苏风味的点心铺，以萝卜丝饼、闷炉火烧和双馅馄饨出名。致美斋虽然开在北京城，做的却是南方风味小吃。明、清两代每逢科举考试，赴京赶考的南方学子们，适应不了北方饮食，便会找南方餐馆，江浙风味的致美斋就很受他们欢迎。因为精致味美，北方人也爱上了这味道，清代学者崇彝（蒙古族人）在《道咸以来朝野杂记》里这样描述致美斋：“所制之萝卜丝小饼及闷炉小烧饼皆绝佳。”

## 美食直通车

美食小地图

我的名字：萝卜丝饼

我的别称：银丝饼

美食坐标：去北京吃萝卜丝饼、去上海吃油墩子。

我与地名那点儿事：油炸萝卜丝饼，在上海叫“油墩子”，在潮州则叫“猪脚圈”。“猪脚圈”也有用芋头粒做馅的，呈圆柱状，因像从猪脚上切下来的样子而得名。

萝卜丝饼，有个好听的学名，叫银丝饼，是具有老北京风味的家常小吃。明清时，在宫里及达官贵人之间流传，后传至民间。清代有文人称，京城茯苓饼与萝卜丝饼最佳。足见这两种美食在老百姓心中地位之高。

## 普通的萝卜也能成为国宴上的一道菜

萝卜丝饼皮薄如纸，温热的时候非常好吃，外酥里嫩，层次清晰，鲜香松软，一股萝卜特有的清香直沁心脾。

今人张元善在《我与二百年老店》中说道：“致美斋尤擅面点，雪花龙须面、烩杠头、萝卜丝饼、银丝卷等都为大众所称道，这些菜点至今都有所保留。”旧日北京饭店以“八大楼”最为著名，民间流传着“买布到八大祥，吃饭到八大楼”之说。致美斋的萝卜丝饼享誉京城，加入金华火腿丁，改名为火腿萝卜丝饼，遂成一道国宴点心。

江浙一带也有萝卜丝饼，有的地方叫油墩子。小时候，乡里的孩子去城隍庙玩，看到店家在门口支着一口大锅，油锅里翻腾着萝卜丝饼，馋得两眼发光，直到吃得两手油腻腻，才心满意足地回家。

## 萝卜，民间“小人参”

萝卜，在中国民间素有“小人参”的美称，作为我国土生土长的蔬菜，萝卜的种植历史十分悠久。

《尔雅》中的“葖（tū）、芦萉（féi）”，《说文解字》中的“芦菔、芥根”，都是萝卜的古名。萝卜的种植至少已有2000多年历史，据《齐民要术》记载，至迟在公元6世纪，黄河流域就已产生成熟的萝卜栽培办法。

从北方到南方，萝卜品种很多，有北京心里美、天津水萝卜、南京五月红、成都春不老萝卜、杭州小钩白、广州蜡烛趸等。种类繁多、本味平实的萝卜给了人们无数选择，生食亦可，熟做也成，各有风姿。

在东北地区，萝卜炖牛羊肉已司空见惯，还有白萝卜切成丝儿晒干炒肉、萝卜酸菜炖粉条、萝卜剁成馅儿包包子、秋冬腌制萝卜咸菜……萝卜作为东北冬菜的“三剑客”之一，被研发出无数种吃法。

天津生吃萝卜是一种风气。汪曾祺曾回忆在天津时的趣闻：“座位之前有一溜长案，摆得满满的，除了茶壶茶碗，瓜子花生米碟子，还有几大盘切成薄片的青萝卜。听‘玩意儿’吃萝卜，此风为别处所无。”一盘瓜子一盘萝卜，是天津人在茶馆里听相声的标配小食。

鲁菜以烹饪技法全面正统而著称，煎炒烹炸更是一绝。山东人爱吃炸萝卜丸子，萝卜丝与鸡蛋面粉调和，团成小丸子，炸熟后复炸一次，即可出锅。另外，萝卜丸子一定要刚出锅的时候趁热吃，酥脆浓香。

“萝卜菜上了街，药王菩萨倒招牌”，是长沙人都知道的俗语。萝卜菜是用萝卜叶子培育的一种蔬菜，青嫩的叶子清炒或加点豆豉、腊肉，就变成了长沙人饭桌上的美味。

立春日，南北皆有“咬春”的习俗。东北、华北地区的春饼为轻薄的烫面饼，卷进合菜、酱肉而成，而以苏州、上海、无锡为代表的南方地区的春饼却是萝卜丝饼，以甘甜的白萝卜丝做成饼，香酥可口。

再往南，到福建、广东等地，萝卜加上糯米粉和各类海鲜酱料，被制成叫作“菜头粿”的萝卜糕，是当地人迎接新年的常见小吃，祈求年年高升。

白萝卜的药用价值在唐代时就已经有官方记载，药典《新修本草》中就收录了“莱菔”（白萝卜）这种药物。书中记载，泡煮食服白萝卜可以下大气、祛痰癖，生捣汁服可以止消渴。

苏轼曾研发过一道叫作“东坡羹”的美食，就是用白菜、萝卜、荠菜及少许生姜放入锅中煮菜羹，浇到蒸熟的米饭上食用。他还特地赋诗：“中有芦菔根，尚含晓露清。”

到了清代，袁枚在《随园食单》中也记载了不少关于萝卜的烹饪方法，其中专门写了腌制的萝卜最好吃：“萝卜取肥大者，酱一二日即吃，甜脆可爱。”

放眼古今，萝卜在庖厨间千变万化，以各种美食的形态出现。烹饪的乐趣不就在于在寻常的食物中感受生活的味道吗？

## 知识杂货铺

**美食中的历史** “八大楼”——致美、东兴、泰丰、鸿兴、鸿庆、新丰、安福及萃华八大饭庄。致美楼原名为致美斋，位于北京繁华的前门外煤市街。明末清初开业，原是一家姑苏风味菜馆，后来，乾隆皇帝御厨成为首席厨师，使致美斋的菜点因集南北烹调之精、汇御膳民食之粹而名噪一时。

**美食中的菜系** 鲁菜——山东菜，为中国八大菜系之首。早在春秋战国时期，人们已经知道鲁人善制馔；到了宋代，鲁菜成为北方菜的代表；明清两代，鲁菜是宫廷菜中的主流。鲁菜做工精细，技法独特，经典菜品有油焖大虾、四喜丸子、太极豆腐等。

**美食中的常识** 下大气——“通气”。为什么说吃萝卜会通气？原来，萝卜中的芥子油和精纤维是促进肠胃蠕动的“高手”，肠胃蠕动会挤压气体往外排。经常吃萝卜可以增强免疫力，降低血脂，软化血管，稳定血压。但肠胃不好的尽量不要吃生萝卜，可以煮熟之后再食用。

## 传统文化故事馆

### “祥瑞”萝卜烹调的洛阳燕菜

洛阳燕菜是一道极具豫西特色的传统名菜，是洛阳水席中的首菜。洛阳水席起源于唐代，距今已有1000多年的历史。之所以称为“水席”，原因有二：一是全部热菜都有汤；二是热菜吃完一道，撤后再上一道，像流水一样不断地更新。全席共设24道菜，包括8个冷盘、4个大件、8个中件、 4个压桌菜，冷热、荤素、甜咸、酸辣兼而有之。

洛阳燕菜的主要材料是萝卜，配以海参、鸡肉、鱿鱼等食材，再用萝卜精心雕刻一朵洁白如玉的牡丹花放置于汤面之上，既好看又好吃。

相传洛阳燕菜兴起于武周时期。武则天去视察龙门卢舍那大佛的建造，恰逢洛阳城外地里长出一棵特大白萝卜，长有三尺，上青下白，重30多斤，菜农视为奇物，便把萝卜当作“祥瑞”敬献进宫。这可难坏了御厨，萝卜能做出什么好菜呀，但是又慑于武则天的威严，只好反复琢磨，最后将萝卜切成极细的丝儿，经九蒸九晒，再用各种山珍海味的高汤煨着，终于制成一品精美的御膳。

武则天品尝后，觉得今日的燕窝似与往日不同，格外清新爽口，一问才知，原来不是燕窝而是那个“祥瑞”萝卜。武则天不禁大悦，当即赐名“假燕菜”。武则天的喜好影响了一大批贵族、官僚，他们在设宴的时候也会把“假燕菜”请上饭桌。后来又影响到民间食俗，人们无论是婚丧嫁娶，还是宴请宾客，都会把“假燕菜”作为宴席上的首菜。

因为白萝卜能与各种原材料共同配制，无论是鲍鱼、海参这类名贵

的食材，还是肉丝、鸡蛋等普通食材，都能烹制出可口的汤菜，所以酒楼菜馆争相效仿。后来人们把“假”去掉，简称“燕菜”。随着时间的推移和厨师们的精心研制，“燕菜”的口味日臻完美，酸辣鲜香，营养丰富，成了洛阳的传统名菜。“洛阳燕菜”还被评为河南省十大经典名菜之一。

# 谷雨节“偷”韭菜的仪式感

舌尖上的课本 KEBEN

以后我们又做过韭菜合子，又做过荷叶饼，我一提议，鲁迅先生必然赞成，而我做得又不好，可是鲁迅先生还是在饭桌上举着筷子问许先生：“我再吃几个吗？”

——萧红《回忆鲁迅先生》

选文是萧红为怀念鲁迅先生所写的一篇文章，文章中多次描写了与鲁迅一家人吃饭的场景，其中一段便写到常做韭菜合（现多写作“盒”）子吃。在北京居住多年的鲁迅也爱好这一美食，回上海后，身为北方人的萧红常去鲁迅家做客，并经常和他夫人一起制作韭菜盒子。

不过，以韭菜为馅并不是北方“面食党”的专利，我国南方有很多地区用粿做皮，以韭菜为馅。在广东梅州地区，每年冬至、春节，人们还会用韭菜粿祭祀先人。

韭菜是我国土生土长的蔬菜，早在先秦时期的《夏小正》中就有记载，正月“囿有见韭”，就是说正月时便可在菜园内种韭菜了，看来韭菜在我国的食用历史至少有2500年之久。

## 美食直通车

美食小地图

我的名字：韭菜盒子

我的别称：烙盒子

美食坐标：去北京吃韭菜盒子、去山东吃哈饼。

我与地名那点儿事：天津视韭菜盒子为节日食品，当地有“初一饺子初二面，初三盒子锅里转”的说法。

韭菜盒子，是老北京人喜闻乐见的一种食物，俗称“烙盒子”，以韭菜为馅，面皮边上捏上花纹，形状像盒子，故称“韭菜盒子”。后来，它渐渐成为中国北方地区，如山东、河南、河北、山西、陕西、东三省等地非常流行的传统小吃。胶东地区（烟台、威海、青岛）称之为“哈饼”，临沂部分地区称之为“摊饺子”。

作为民间小吃，韭菜盒子的制作工艺并不复杂，韭菜碎与熟鸡蛋加入香油、胡椒粉等拌匀，用面皮将其包裹，捏出花边褶子，放进油锅煎至两面金黄即可。

## 国人吃“盒子”的历史已有千年

小麦虽然位列“五谷”之一，却是舶来品。据考证，小麦是通过早期的丝绸之路传入中国的。在商代甲骨文中，“麦”字就已经出现，说明距今3000多年前，中国人已经开始种植小麦了。中国的面食习俗是在汉代形成的，人们把麦子磨成面粉，充分运用于饮食中。汉代的面食、点心种类丰富，统称为“饼”，有汤饼、烧饼、烙饼、蒸饼等。另外，在甘肃嘉峪关出土的一组汉代画像砖上绘有侍女揉馒头、烤肉、托盘进奉馒头和包子等图案。

在我国北方有些地区，馅饼也称作“盒子”，是一种流传很久的美食。《齐民要术》中介绍了一种以发面和羊肉制作的饼，应该就是我们今日的馅饼。

清代美食家袁枚在《随园食单》里记载，“韭菜切末拌肉，加作料，面皮包之，入油灼之。面内加酥更妙”，可见韭菜盒子在清代时便是美味佳肴了。

## 汉代就用“大棚”种韭菜了

韭菜盒子的美味首先在于选韭菜。春天的韭菜碧绿清新，是最先感受到春季阳气勃发的蔬菜之一，被誉为“菜中第一鲜”。《说文解字》里记载：“一种而久者，故谓之韭。”一经种下，就长久地生长，所以叫“韭”。因此，韭菜又被叫作“懒人菜”，只要种一次，就可以割了又长、长了又割。

韭菜中间有一段黄腰特别惹眼，嫩得可以掐出水来，这段韭菜称为黄芽韭菜。它的尝鲜期短，是稀罕物，如果你在菜市场上遇见它，千万别手软，买回家，即使不做韭菜盒子，炒个鸡蛋，味道也十分鲜美。据《京南琐记》记载，富贵人家包饺子，以黄芽韭为馅，其味绝鲜，其价则如金。卫八处士为了招待自己久违的老朋友杜甫，忙命人“夜雨剪春韭”。因为春天的韭菜实在是难得的美味，晚秋次之，夏季最差，故有“春食则香，夏食则臭”之说。

古人看重韭菜，所以很早就将其用来祭祀，《诗经·豳风》里就有“献羔祭韭”的词句。《礼记》也说，“庶人春荐韭……韭以卵”，大有用鸡蛋炒春韭祭祖之意。

在汉代就有用温室技术培植韭菜的记录，《汉书·召信臣传》记载：“太官园种冬生葱韭菜茹，覆以屋庑，昼夜爇（rán，‘然’的古字）蕴火，待温气乃生。”当时人们已经采用在屋墙外烧柴而不见明火的方式，使室内保持温暖种植韭菜，以供宫廷贵人食用。

在民间，立春吃韭菜的习俗由来已久。唐代时，立春要做“春盘”，盘内盛韭菜、芸薹（tái）、芫荽（yánsuī）、大蒜、

荞头。因为这五种蔬菜都有特殊的辛辣气味，所以“春盘”又被称为“五辛盘”。正因如此，佛家和道家都把韭菜视为“荤食”。

让人意想不到的是，韭菜还可用来表白。地处广西和湖南交界处的三江侗族自治县，因独特的气候环境，种植的韭菜远近闻名，长四五十厘米，有的甚至有六七十厘米，味道鲜美清香。这里有一个特别的风俗——偷韭菜。谷雨节气前后，姑娘去未婚小伙子家“偷”韭菜，韭菜割取越多，则表明姑娘对小伙子的爱意越浓。而未婚男子家菜园里被割的韭菜越多，种菜的阿妈就越骄傲，因为那些韭菜都是姑娘们为她儿子割的，割谁家的便代表相中了谁家的小伙子了。

## 知识杂货铺

**美食中的历史** **菜中第一鲜**——《山家清供》记载，六朝的周颙，清贫寡欲，终年常蔬食。文惠太子问他：“菜食何味最胜？”他答曰：“春初早韭，秋末晚菘。”

**美食中的民俗** **春盘**——流行于魏晋时期，是春饼、春卷等迎春食品的“祖先”。因为古人认为，季节转换之际容易生病，而吃韭菜、芸薹、芫荽、大蒜、荞头五种有刺激性味道的蔬菜，可以刺激五脏，增强免疫力，避免生病。

## 传统文化故事馆

### 韭菜命名的传说

据说韭菜原名为“救菜”，这个名字还跟汉光武帝刘秀有关呢。

相传，在刘秀称帝之前，有一次被王莽打败，逃跑时慌不择路，来到安徽亳州一处叫泥店村的小村寨。此时刘秀又饿又累，便走至一处茅庵前，向屋主求助。

茅庵里一位姓夏的老汉走出来，见来人一身盔甲，相貌不凡，就把他迎入家中。可是夏老汉家里贫穷，少菜少饭，他只好到庵外摘了一些野菜烹调。

饥不择食的刘秀连吃了几大碗野菜，觉得味道鲜美，便问老汉这是什么菜。夏老汉也不知道这种野菜的名字，刘秀听了便说：“这无名野菜今日救了我的性命，就叫它‘救菜’吧。”随后他记下了老汉的姓名住址，道谢后离开了。

后来，刘秀终于打败了王莽，夺取了天下。当上皇帝的他，有一天突然想起救过自己性命的“救菜”，便命人去泥店村采摘烹饪，还给了夏老汉不少良田，专种“救菜”供御膳使用。

后经御医研究，发现“救菜”有清热解毒、滋阴补肾、增进食欲等功效，刘秀知道后，觉得“救菜”为蔬菜之名不太妥，就改为“韮菜”。后来，随着时间的推移，人们简化了草字头，就写作“韭菜”了。

# 一碗烂肉面，为何令人垂涎欲滴

那年月，时常有打群架的，但是总会有朋友出头给双方调解；三五十口子打手，经调人东说西说，便都喝碗茶，吃碗烂肉面（大茶馆特殊的食品，价钱便宜，做起来快当），就可以化干戈为玉帛了。

——老舍《茶馆》

选文《茶馆》是老舍先生于1956年创作的话剧。通过裕泰茶馆的变迁和在其中活动的各种各样人物生活的变化，揭示了近半个世纪中国社会的黑暗腐败、光怪陆离。剧本中出场的人物近50人，除茶馆老板外，还有吃皇粮的旗人、兴办实业的资本家、清宫里的太监、信奉洋教的教士、穷困潦倒的农民等，人物众多但性格鲜明。

剧作在国内外演出多次，赢得了较高的评价，是中国当代戏剧创作的经典作品。

选段中除了具有北京特色的大碗茶外，还有本文的主角——烂肉面。烂肉面是早年老北京的一种常见吃食，一个“烂”字，包含两重含义：第一重是说面里的肉卤一定要煮得烂糊糊的，入口即化；第二重是说用的肉不是什么好肉，是已经接近腐败的烂肉，因此价格便宜，深受广大老百姓的欢迎。

## 美食直通车

美食小地图

我的名字：烂肉面

我的别称：卤肉面

美食坐标：去北京吃烂肉面。

我与地名那点儿事：北京有句俗语：“管他驴或马，吃饱了烂肉面再打镲。”“打镲”是指谈天说地、侃大山、闲聊之类。

北方盛产小麦，人们的面食有馒头、包子、饺子、馄饨、饼、面条等。不过，在北京一提到“面”，便是特指面条，而且在北京有“人生有三面”的说法，即“洗三面”“长寿面”“接三面”。

所谓“洗三面”，就是小孩子刚出生第三天，举办“洗三”仪式，亲戚朋友来吃庆祝孩子出生的面条，祝福他长命百岁；“长寿面”就是每年过生日都得吃的面条，意思是祝福他福寿绵长；“接三面”就是人死之后的第三天，接待亲戚朋友的面条，以表达对死者的缅怀。

### 一碗烂肉面，穷人的“开心丸”

烂肉面真的有这么好吃吗？老底子的烂肉有猪肉、牛肉、羊肉、驴肉、狗肉等。烂肉不是成块儿的好肉，因此价钱非常便宜，是穷人解馋的首选，是“开心丸”。

手擀面是做烂肉面的首选，吃起来格外有嚼劲儿，这种面用北京话又叫“白披儿”。虽然面大同小异，“浇头”却有不少讲究。老北京吃面条流行18样浇头，分别是肉炸酱、素炸酱（如油条、茄子等）、氽子、咸汤、臭豆腐、“穷人乐”、三合油、花椒油、排骨、鸡丝、香椿、芝麻酱、烧羊肉汤、杂合菜、盐水儿、肉汤、烂肉、肉片卤。

烂肉面在老北京的“二荤铺”和饭摊儿、茶馆里都有卖的。二荤铺是自清代就有的说法，占地小，一两间门面，甚至灶头在门口，座位在里面；两口大锅，一个锅里煮面，一个锅里炖卤；人手少，一两个掌灶师傅，一两个跑堂伙计，饭菜都较为便宜，《三侠五义》中写它是吃家常菜的小馆子。

吃烂肉面的人，多是干力气活的底层民众。有史可查，清末民初，一个萝卜或白菜三四个“大子儿”（一个大子儿为二十文铜钱），

一碗烂肉面不过两个“大子儿”，可见有多便宜。吃完一碗热乎乎的烂肉面，力工们又接着拉脚、卸车去了。

### “烂”也要格外讲究

从一碗烂肉面的卤汁足见老北京人对吃的讲究。要一碗面，伙计得问您是要浑卤、懒卤，还是要清卤、扣卤。浑卤最简单，就是按规矩放肉和卤汁；懒卤就是不要卤汁，只要烂肉，另要一小碗炸酱；清卤一般是在歇火关铺子前，大缸盆里的卤汁卖光了，再勾芡不够团粉钱，就用酱油代替；扣卤，是客人要少浇卤汁，怕搁多了口太咸。听老辈人说，那时候，在天桥下打架斗殴后，需请人说和，摆上一碗烂肉面，劝和者看在烂肉面的份上才答应做说客。

在老舍的话剧《茶馆》中，裕泰茶馆就卖烂肉面。在当时，用来做烂肉面的肉都是下脚料、猪下水等，是非常便宜的一种吃食。但是，烂肉面的味道同样吸引了好多达官贵人。他们泡在茶馆里，就为了吃一碗烂肉面。“一碗烂肉面，二分大碗茶，三才杯在手，四方客满堂”，说的便是烂肉面是老北京茶馆招揽生意的看家宝贝。

炖，是煮烂肉面的关键。现在的烂肉面，不再用烂肉，都是上好的牛腩肉或猪五花肉。将肉切成大块，入锅煮开，捞出肉块，把牛肉或五花肉切丁，继续冷水入锅。加入配好的调料花椒、大料、丁香、桂皮、小茴香，加生抽、老抽、料酒、适量盐以及干黄酱，煮开后再煮十五分钟，加香菇丁、木耳丝、白萝卜块，用中火继续炖煮三个小时，煮到卤汁黏稠，起锅。客人上门后，只需要煮面，浇上浇头，拌匀就可以吃了。

这一碗烂肉面里，肉与香菇、木耳、萝卜在时间与高温的炖煮下，咸、鲜、香、润，肉油而不腻，酥嫩烂软，面中有肉，肉中有面，这样的一碗面，能不好吃吗？

## 知识杂货铺

**美食中的文化** 二荤铺——“二荤”的叫法有不同的解释，有的说猪肉、羊肉合为二荤，有的说是肉和下水的共称，有的人认为店家售卖的是一荤，顾客带来材料由店家加工而成的“炒来菜”又算一荤，不过老百姓大多认可的说法是肉和下水的共称。老北京至今还有很多有名气的老店，如在《鲁迅日记》中，就有多处记载鲁迅在“和记”与“海天春”等二荤铺宴请朋友吃家常饭的场景。

**美食中的器具** “三才杯”——盖碗的别称，也叫“三才碗”，是一种上有盖、下有托、中有碗的茶具，盖为天、托为地、碗为人，暗含天地人和之意。使用时，它既可以用来泡茶后分饮，也可一人一套，当作茶杯直接饮茶用。“三才杯”流行于清雍正时期。

## 传统文化故事馆

### 老北京炸酱面

日常生活中，北京人非常喜欢吃面。在北京，除了烂肉面外，还有非常有名的炸酱面。

老北京炸酱面一般是抻面或切面。抻面就是把和好的面团放在案板上，用擀面杖擀成大片，然后制作师傅右手用刀切条，左手推，让切好的面条沾上点干面，这样就不会粘在一起了。最后攒成一把，用双手拎起来抻，截去两头连接的地方后，立刻放入早已沸腾的锅里。切面呢，就是先把面团擀成薄片，撒上干面，一层一层地叠起来，切成丝，然后放进锅里煮。

面条煮好后，就放“浇头”搅拌，之后即可食用。吃时，讲究冷天吃“锅儿挑”热面，热天吃过水凉面，并且根据季节佐以时令小菜，做“面码儿”。“面码儿”就是用来拌面的菜蔬，分时令不同，各有讲究。初春，“面码儿”是掐头去尾的豆芽菜、小水萝卜缨，春末是青蒜、香椿芽、青豆嘴等，初夏则是新蒜、黄瓜丝、扁豆丝、韭菜段等。

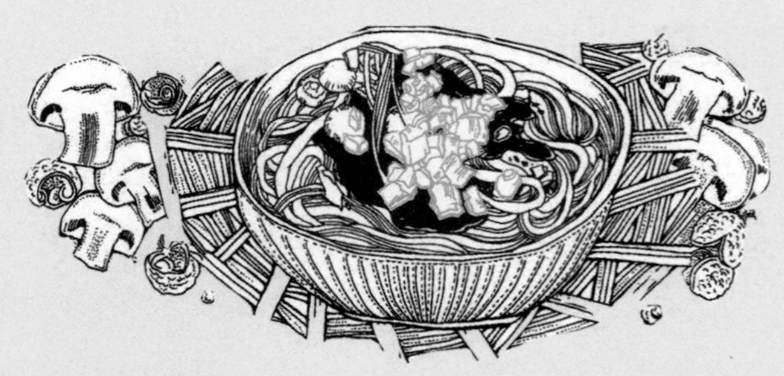

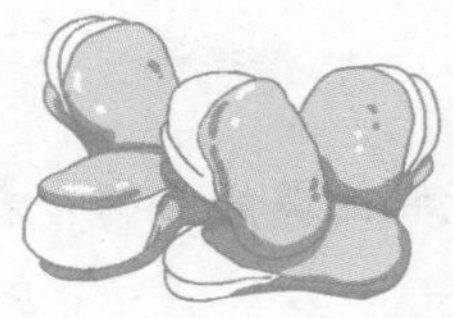

# 挂在胸前以示荣耀的蚕豆

舌尖上的课本 KEBEN

这回想出来的是桂生，说是罗汉豆正旺相，柴火又现成，我们可以偷一点来煮吃的。大家都赞成，立刻近岸停了船；岸上的田里，乌油油的便都是结实的罗汉豆。

…………

我们中间几个年长的仍然慢慢的摇着船，几个到后舱去生火，年幼的和我都剥豆。不久豆熟了，便任凭航船浮在水面上，都围起来用手撮着吃。

——鲁迅《社戏》

**选文《社戏》是鲁迅先生写于1922年的短篇小说，后被收入短篇小说集《呐喊》。在这篇小说中，作者回忆了年少时代的生活经历，以饱含深情的笔墨刻画了一群农家少年的形象，表现了劳动人**

民淳朴、善良、友爱、无私的美好品德，表达了作者对少年时代生活的怀念。

选段中描写的美食是罗汉豆。罗汉豆，学名蚕豆，是我国广泛种植的一种作物。蚕豆是我国栽培历史最古老的食用豆类作物之一，起源于西伊朗高原到北非一带，至今已有2000多年的种植历史。蚕豆用途非常广泛，可食用、肥用、饲用。新鲜蚕豆可直接烹饪食用，或加工成蚕豆制品。蚕豆虽然味道鲜美，营养价值高，却不可生吃。

## 美食直通车

美食小地图

我的名字：蚕豆

我的别称：罗汉豆

美食坐标：去宁波吃家常蚕豆、去绍兴吃茴香豆。

我与地名那点儿事：浙江盛产蚕豆，著名画家丰子恺回忆自己儿时常在家乡浙江崇德（今嘉兴桐乡市崇福镇）与五哥一起偷蚕豆吃，并用老蚕豆做“蚕豆水龙”的玩具。

“蚕豆开花黑良心，玉米开花一撮毛，芝麻开花节节高，南瓜开花金钟罩……”立夏前后，歌谣唱起来了，蚕豆也被搬上餐桌，成了主角。

## 蚕豆虽小，名头却大

蚕豆的叫法据说源于清代慈溪人严恒曾写过的一首诗，叫《蚕豆》，起首两句就是“田家豆熟逢蚕月，小荚丛生竟类蚕”。不过，据《中国蔬菜名称考释》里解释，“它扁平，略呈长筒或葫芦形，状如‘老蚕’”，故有此称谓。据宋《太平御览》记载，蚕豆由西汉张骞自西域引入中原地区。在当时，从西域流传过来的吃食，都带有一个胡字，比如胡萝卜、胡椒、胡豆。这里的胡豆，就是现在的蚕豆。最早关于蚕豆的记载是三国时期《广雅》中出现的“胡豆”一词，现在四川部分地区，依旧有把蚕豆称作胡豆的叫法。

在宁波，乡下人把蚕豆叫倭豆。相传在明代，到了蚕豆饱满成熟的季节，倭寇趁着洋流侵犯沿海一带。百姓不堪其扰，便想了一个办法，将收获的蚕豆撒在倭寇上岛的必经之路上，把辣蓼（liǎo）制成的白药粉也撒在路上，蚕豆因此发酵腐烂。倭寇上岛后，双脚陷进蚕泥地里进退不得。埋伏的百姓见此，便立刻冲出来，把倭寇打得落荒而逃。蚕豆立了功，于是被叫作倭豆。

还有另一种传说，明代时，朝廷派戚继光来宁波抗倭。一次剿寇时，戚继光为鼓舞士气，当众宣布杀敌以蚕豆计数，战后以蚕豆数论功行赏。战斗结束后，军民上缴蚕豆，戚继光不仅给予重赏，还把那些蚕豆赏给杀倭寇的军民。那些得到重赏的军民，用线把这些蚕豆穿起来，挂在胸前以示荣耀。不明白的人问为什么挂蚕豆，他们自豪地回答："这一颗颗都是倭寇的头啊！"从此以后，每逢蚕豆上市，大人们就用线穿一大串蚕豆挂在孩子的脖子上，孩子以挂"倭头"而感到自豪。方言中"头"与"豆"字音相似，渐渐地，人们就把蚕豆叫作"倭豆"了。

## 一颗蚕豆，因鲁迅闻名全国

罗汉豆这一叫法，想必通过鲁迅先生的《社戏》已经众所周知了。大人们常常会把刚摘下的蚕豆洗净，放在饭镬头蒸，熟了，放凉，拿出来装进小碗里，孩子们捧着小碗剥一颗吃一颗，吃得非常满足。如果剥得多了，那碗里的蚕豆一颗接一颗，像叠罗汉一样。

蚕豆的青春期很短暂。豆的顶端嵌着一枚青青的月牙儿，像帽子，这时候的蚕豆是可以连着皮一起吃的，嫩而不粉，盐水煮一下便十分美味。等蚕豆稍微老一些，做成一道酱，叫豆绒酱。其所需的食材是又青又翠的豆肉与刚上市的小笋。把小笋切成薄薄的圆圆的小圆圈，加上调味的咸畜，切成碎末，与豆肉混入一锅，滚起即勾芡，这便是一道美味的时令菜。

蚕豆，是立夏的必吃菜，所以也叫立夏豆。立夏那天，鲜蚕豆是不可少的，糯米加豆肉，做成豆绒饭。如果有条件，再加几片咸肉一起焖，熟透后，用铲子把豆绒饭、咸肉搅在一起。那豆绒早已没有了招架之力，一碰，就软绵绵的，和糯米饭不分彼此。白色的米饭，青色的豆绒，油汪汪的咸肉，这一锅饭该有多么好吃啊！

一个月后，蚕豆便进入了暮年。剥掉壳，里面的豆肉是黄色的，也有白色的，做成豆绒酱显然已不合时宜，做成蚕豆煲或葱油蚕豆，仍是光鲜的一道菜。

## 知识杂货铺

**美食中的命名** 胡萝卜——光听名字就知道它的来源，就像命名中带“胡”字的食物多是两汉、西晋时期由西北传来；带“海”字的食物，大多是南北朝以后从海外引进的，如海枣；带“番”字的食物多是南宋至元明时期经“番舶”传入的，如番薯、番茄等；带“洋”字的蔬菜，则大多为清代时由外传入，如洋葱、洋姜等。

**美食中的节气** 立夏——夏季的第一个节气，交节时间在每年公历5月5日前后。“立夏”的“夏”是“大”的意思，是指春天播种的植物已经直立长大了。古代人们非常重视立夏的礼俗，如苏州有“立夏见三新”之谚，“三新”为樱桃、青梅、麦子，用以祭祖。除此之外，还有“斗蛋”“秤人”等习俗。

## 传统文化故事馆

### 绍兴小吃茴香豆

鲁迅先生笔下还有一种蚕豆做成的美食，便是“茴香豆”。茴香豆本是绍兴地区的传统小吃，因《孔乙己》被收入中学语文课本，而被人们熟知。在《孔乙己》中，孔乙己要教酒店小伙计写“茴”字，给邻居的孩子们一人一颗豆子，还用五指将装豆的碟子罩住，摇头说“不多不多！多乎哉？不多也”。孔乙己滑稽可笑的样子，让我们印象深刻。那茴香豆究竟是一种怎样的美食呢？

顾名思义，茴香豆就是用茴香水煮的蚕豆。蚕豆入锅，加适量的水，大火急煮15分钟。掀开锅盖，等豆皮边缘皱凸，中间凹陷，马上加入茴香、桂皮、食盐等调味料，再用文火慢煮，使调味料从表皮渗透至豆肉中，待水分基本煮干后，离火揭盖冷却，一盘下酒小菜茴香豆就做好了。

茴香豆融合了茴香的浓郁香味和蚕豆的酥软清鲜，咸而透鲜，回味微甘，难怪在绍兴有“桂皮煮的茴香豆，谦裕、同兴好酱油，曹娥运来芽青豆，东关请来好煮手，嚼嚼韧纠纠，吃咚嘴里糯柔柔”的民谣。

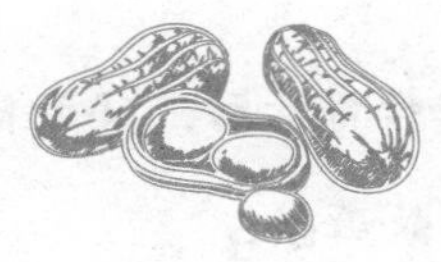

# 花生，零食界的“扛把子”

课本舌尖上的 KEBEN

“谁能把花生的好处说出来？”

姐姐说：“花生的味道很美。”

哥哥说：“花生可以榨油。”

我说：“花生的价钱便宜，谁都可以买来吃，都喜欢吃。这就是它的好处。”

父亲说：“花生的好处很多，有一样最可贵。它的果实埋在地里，不像桃子、石榴、苹果那样，把鲜红嫩绿的果实高高地挂在枝上，使人一见就生爱慕之心。你们看它矮矮地长在地上，等到成熟了，也不能立刻分辨出来它有没有果实，必须挖起来才知道。”

——许地山《落花生》

**选文《落花生》是中国现代作家许地山的一篇叙事散文，全文围绕“种花生、收花生、吃花生、议花生”四部分来写，向我们讲**

述了关于花生的一次家庭教育活动。父亲借物喻人，教育孩子们要像花生一样不图虚名、默默奉献。

花生又被称为落花生，去了壳叫花生米、花生仁，可以炒、炸、煮、卤，烹饪手法多样，是我们生活中非常熟悉的吃食。文献中记录的最早的花生烹饪方法，一般认为是明弘治年间《常熟县志》中记载的将花生煮熟食用的方法。明代末年，炒花生流行起来。在明末清初《阅世编》一书中，进一步解释了炒花生的方法——用沙子与去壳花生下锅同炒，沙子导热，能让花生受热均匀，因此这种方法一直沿用到现在。后来，炒花生多用带壳花生下锅，沙子还能让花生壳在炒制的过程中避免爆裂。

## 美食直通车

美食小地图

我的名字：花生

我的别称：长生果

美食坐标：去绍兴吃盐水花生、去太原吃老醋花生、去泉州喝花生汤。

我与地名那点儿事：花生酥是北京酥糖的一种，始于明万历年间，盛于清乾隆年间，花生的香与糖的甜相融合，是一道配茶的经典甜点。

“麻屋子，红帐子，里面住着个白胖子。”小时候经常听到这则谜语，谜底就是花生。花生是我国产量丰富、食用广泛的一种坚果，又名“长生果”“泥豆”“番豆”等。

## 花生“出身”之谜

学界普遍认为花生是明末清初从南美洲传入的，也有学者认为中国是花生的原产地之一。1958年，在浙江吴兴钱山漾原始社会遗址中，发掘出炭化花生种子，提供了远在新石器时代就已经存在花生的实物资料。《本草纲目拾遗》中曾记载：“又有一种形如香芋……花开亦落土结子，如香芋，亦名花生。”元代贾铭的《饮食须知》中写道：“落花生，味甘，微苦、性平，形如香芋，小儿多食，滞气难消。”由此看出，唐代已有人开始研究花生的食用功效，不过他们认为花生像“香芋”。

到了明末清初，中国沿海地区花生种植比较普遍。对于素食主义者来说，花生富含高蛋白，是替代肉类的好东西，民谚素有“常吃花生能养个，吃了花生不想荤”之说，因此深受人们喜爱。

在盛产花生的山东、河南等省区，从泥土里扒出来的新鲜花生就是孩子们干活的动力。水润的花生仁两三粒一起咀嚼，饱满的汁水混合着浓郁的香味由口腔蹿入鼻腔，这才是花生最原始的味道。

浙江绍兴、宁波一带喜欢吃盐水花生。将洗净的带壳花生放在盐水里煮，花生仁吸足了盐水，变得滚圆绵软。据作家蔡澜讲，绍兴的盐水花生，咸亨酒家的最好吃。不知道当年的孔乙己除了点茴

香豆外，还有没有点上一碟盐水花生呢？

广东人最善煲汤，炖至软烂的猪脚和糯香的花生简直是绝配，香浓咸鲜，味道可口，让人回味无穷。

东北人爱喝酒，酒桌上少不了一盘油炸花生米。待花生表皮颜色慢慢变深，香味就出来了。最后根据个人口味，撒上一点儿盐或糖，一盘下酒小菜就可以上桌了。

山西人喜欢在油炸花生米中淋一点儿老陈醋，既有花生的酥香，又有老醋的酸甜，清爽解腻，风味独特。

花生还是老少皆宜的零食，尤其是在过年或者聚会的时候，炒花生和琳琅满目的糖果摆在一起，其受欢迎程度毫不逊色于其他零食。

## 花生的吉祥寓意

花生深得人心，人们以见花生为吉，寓意儿女双全，子孙满堂。中国自汉代以来，就形成了一套婚礼风俗，留传至今。比如说结婚当天，在新人的枕头底下藏花生和糖果，这份礼品叫“床头果”，人们以抢到床头果为乐，新人也以抢光床头果为祥瑞。新马桶里藏花生和红枣，更是讲究，这份礼品不是随便什么人都可以抢的，而是长辈派家里的男童悄悄走进新屋，掀开马桶，拿出花生，然后悄悄地撒下童子尿，一系列动作完成后，就可以向新人讨要红包，寓意“早生贵子”。

花生朴实无华，默默无闻，甘为人们奉献果实而不图名利，受到众多文学家的赞美。**林语堂**曾在东吴大学教英文课，一次，他带了一大包带壳的花生上课，请学生们吃花生。他说道：“花生米又叫长生果。诸君第一天上课，请吃我的长生果。祝诸君长生不老！以后我上课不点名，愿诸君吃了长生果，更有长性子，不要逃学，则幸甚幸甚，三生有幸。”

就像作家许地山在《落花生》里想表达的一样，花生虽然朴实无华，默默地在地底下努力结果，但它早已融入我们的饮食中了，它可以是酒桌上的下酒菜，可以是砂锅里的鲜汤，可以是瓶装的花生饮，也可以是打发闲暇时间的小零食。这就是虽然不起眼、却不可或缺的花生。

## 知识杂货铺

**美食中的历史** **香芋**——也叫槟榔芋、荔浦芋，主产于广西、湖南、福建等地区，是淀粉含量颇高的优质蔬菜。它具有补气养肾、健脾胃之功效，是制作饮食点心的上乘原料，清代年间被列为贡品，因而享有“皇室贡品”之称。

**美食中的人物** **林语堂**——福建龙溪（今漳州）人，中国现代著名作家、学者、翻译家、语言学家。1919年留学美国，后转赴德国留学，获哲学博士学位。其代表作有《京华烟云》《剪拂集》《大荒集》等。

## 传统文化故事馆

### “落花生”的传说

你知道吗，花生原名竟是“落花生”，关于原名的来历，还有一个有趣的传说呢！

据说，很久以前，花生像豌豆一样，果实是悬在秧子上的。村庄里有户姓骆的人家，家境贫穷，父母年迈，只有一个独子。但是这个孩子读书刻苦且天分颇高，很受先生喜爱。

为了不让田里的花生被乌鸦啄食，他每天下了学就到地里，来回奔忙，十分辛苦。

当地的山神被他的行为感动，化身为一个老爷爷，送给他一块会发光的宝石，并叮嘱他在花生地里用手挖一个三尺深的土坑，这样就能帮他解决困境。

孩子很高兴，用手不停地挖着地上的土，手指都磨破了，流出鲜红的血，终于把宝石埋好了。第二天，他去地里一看，奇怪的事发生了：花生都长到土里去了，就连刚开花的花冠，一掉下来也马上钻进沙土里。孩子再也不担心乌鸦偷吃花生了，可以专心读书了。

到了丰收的季节，骆家的花生没有遭到乌鸦偷食，获得了好收成，而且籽粒饱满，花生仁上还包了一层薄薄的红皮，传说是那孩子埋宝石时手指出血染红的。从那以后，全村的人都买骆家的花生种子，骆家的花生一直流传到现在，人们将它称作“落（骆）花生”。

骆家的孩子虚心好学，后来成了著名的诗人，他就是“唐初四杰”之一的骆宾王。

# 成功逃脱“追捕”的番薯

佃户家庭的生活自然是艰苦的，可是由于母亲的聪明能干，也勉强过得下去。我们用桐子榨油来点灯，吃的是豌豆饭、菜饭、红薯饭、杂粮饭，把菜籽榨出的油放在饭里做调料。这类地主富人家看也不看的饭食，母亲却能做得使一家人吃起来有滋味。

——朱德《回忆我的母亲》

《回忆我的母亲》是朱德同志早期创作的记叙性散文。选文中描写佃户家庭的生活十分艰苦，因为母亲聪明能干，所以“我们一家人”还能吃上有滋有味的饭食。文章回忆了母亲勤劳、朴实的一生，歌颂了这位平凡而伟大的劳动妇女的崇高品德。

红薯学名“番薯”，最早种植于美洲中部墨西哥、哥伦比亚一带，由西班牙人携至菲律宾等国栽种。番薯最早传入中国，约在明代后期的万历年间，是一种高产且适应性强的粮食作物，灾年的时候能起到良好的救荒作用。

## 美食直通车

美食小地图

我的名字：番薯

我的别称：红薯

美食坐标：去河北吃红薯焖子、去东北吃酸菜炖粉条、去福建吃番薯丸。

我与地名那点儿事：酸辣粉起源于四川川西一带，是四川、重庆等地的特色小吃，由红薯、豌豆按比例调和，然后由农家用传统手工漏制而成。

元宵节过后，有些地区的农民兴冲冲地将番薯种撒在田里，轻轻盖上泥土。一个半月后，大概到了谷雨，番薯种已经抽出长长的绿藤在泥地里招摇。再轻轻地把绿藤一枝一枝地剪下来，扦插在地里，浇上粪肥，就可以等待收获了。

番薯叶呈坡形，碧绿碧绿的，在藤秧上蔓延，地下结着连串的番薯。番薯有圆形、椭圆形或纺锤形，皮色和肉色因品种或土壤不同而各具特色，有的白心，有的红心，不过口味都是甜的、面的。

## “偷”出来的番薯

“番薯”，顾名思义，是一种舶来品。番薯原产于南美洲，在15世纪大航海时代被哥伦布带回西班牙推广种植。当时，中国正值明万历年间，虽然官方从明代中期开始就放弃了对海外的探索，但民间的海上贸易仍旧非常活跃，在丰厚利润的刺激下，当时一些沿海城镇居民下海经商蔚然成风。

据考证，虎门是我国引进番薯最早的地方，陈益是我国引进番薯的第一人。陈益是广东虎门北栅人，明万历年间，他身着布衣，肩搭包裹，搭乘商船从虎门出发前往安南（今越南）。到达安南后，当地的酋长接待他们时，拿出一种香甜软滑的食物，这种食物除了非常可口外，还能充饥，这便是番薯。

两年之后，他冒着生命危险，将番薯种子带回国。当时，陈益并不熟悉番薯的播种过程，只能将它埋在土里。不久，番薯慢慢发芽长出了藤蔓。一天，陈益家的一名仆人看到薯藤，非常好奇，就伸手拉扯了一下藤蔓，谁知竟将嫩藤扯断了，他惊慌失措，赶忙将断藤插进土里。谁知多日后，那根薯藤长出了新芽，陈益发现后非常惊喜，不但没有责怪仆人，还称赞他“帮了大忙”，从此掌握了番薯的种植技术。

后来，陈益在虎门购置了35亩地，开始大量种植番薯。大获丰收后，他决定把这种作物推广开来，并将自己的寿穴也选在薯田边。他在临终前嘱咐后人，每年春秋二祭时要带一对番薯来祭奠他。

陈益将番薯引入我国，开辟了粮源，改善了人们的生活。产量高的番薯曾在物资极为匮乏时期代替粮食作为主食，这种做法被称作“瓜菜代”。

## 红薯的多种食用方法

明末著名学者、农学家徐光启曾亲自把番薯引种到上海地区，还专门写了一本叫《甘薯疏》的通俗小册子介绍它的种法。如今，中国东南沿海的浙江、福建、广东大多仍管这种美洲作物叫“番薯”，它也被《中国植物志》采用为正名。当然，正如其他传入中国晚一点的美洲作物一样，番薯在中国也有众多的地方别名，比如上海一带称为“山芋”，北京称为“白薯”，华北其他地区多叫“红薯”，东北称为“地瓜”，西南地区多叫“红苕”，等等。

十月小阳春，是番薯的收获季。番薯最省事的吃法是将其切片后放在饭镬头里蒸，饭熟了，软糯的番薯也端上了桌；烤着吃，虽然费柴，但味道不错；煨着吃，往灶膛里一扔，没过多久便焦香扑鼻；切成方丁煮汤吃，放一匙白糖，便成了待客的点心。

番薯产量大，吃不完的新鲜番薯可以做成番薯干。把番薯洗净煮熟，冷却后剥皮，然后将番薯切成长条，放在火炕或者暖气上烘烤，等到表皮皱起，咀嚼起来软而绵，就可以作为解馋小零食收纳起来了。

快过年了，村子里家家户户都要做番薯酒，尤其是男主人，对此事特别上心。生番薯洗净、切块、蒸熟，摊凉了，然后拌上酒曲。酒曲是酒的“灵魂”，是用辣蓼草做的。为了获得这“灵魂”，春天人们把辣蓼草的种子撒在小院子里，夏天便可以收割蓬蓬勃勃的辣蓼草，并制成辣蓼水了。然后将辣蓼水与磨成粉的大米面融合，切块、发酵、晒干，这就制成了酒曲。等到秋天，酒曲与摊凉的番薯相遇，二者一拍即合，人们把它们放进大缸，密封起来，任它们在里面翻江倒海。一段时间后，拌上秕谷或糠，上灶加热，大火小火轮番上阵。通过一条水管，酒水便会源源不断地流淌出来。瞬间，浓郁的酒香在街弄里飘来荡去。

番薯，除了做酒，还可以做粉条，熬菜的时候放上一把，浸过油汤的粉条口感爽滑、筋弹，既能当菜又能当主食。

年节里，拔丝红薯是最受孩子们欢迎的菜品之一。切成小块的红薯在油锅里被炸得外酥里嫩，再将冰糖或白糖在锅中炒化，让红薯块与糖浆充分融合，拔丝红薯就可以出锅了。当筷子夹起红薯时，一条条藕断丝连的金线就被“拔”出来，甘甜的糖衣与柔软的红薯在口中相逢，吃上一口幸福感爆棚！

每当朔风起，街上总有三三两两的烤番薯摊，铅皮桶做成抽屉的样子，一拉一屉，熟透的表皮还附着焦黑的糖浆，随挑随拣，买上一个，捧在手心，剥开一点点皮，金黄透红的番薯肉真是诱人，一口咬下去，暖心暖胃，是寒冬里的诱惑。

## 知识杂货铺

**美食中的节气** 谷雨——二十四节气之第六个节气，也是春季的最后一个节气，是“雨生百谷”的意思，此时降水明显增加，谷类作物茁壮成长。据说自汉代以来，陕西白水在谷雨节有祭祀仓颉的习俗。传说中，仓颉创造文字，黄帝以“天降谷子雨”作为其造字的酬劳，从此便有了谷雨节。

**美食中的科学** 酒曲——起源已不可考，关于酒曲的最早文字记载可能要追溯至周朝。周朝的《尚书·说命》中有“若作酒醴，尔惟麹蘖（qūniè）”的记载。从科学角度讲，酒曲是从发霉的谷物演变而来的，酒曲中含有大量微生物及其所分泌的酶。酶具有生物催化作用，可以加速将谷物中的淀粉、蛋白质等转变成糖、氨基酸。糖分在酶的作用下分解成乙醇，即酒精。因此，酒曲被广泛用于酿造黄酒、白酒等。

## 传统文化故事馆

### 番薯的“近亲”——牵牛

你知道吗，我们在街头巷尾看到的烤番薯竟然和路边不起眼的牵牛花是“亲戚”。在田间看到番薯时，多半只能看到它的叶子，如果把花的照片拿给人看，恐怕大家都要脱口而出：“这不是牵牛花吗？”的确，因为它们的花都是“漏斗状花冠”，外表极为相似，在植物分类学上，番薯和牵牛的确有着比较密切的亲缘关系，都属于旋花科番薯族。

在中国古代就有对牵牛的记载，比如成书于汉末的《名医别录》就已经收录了它，认为其种子可以入药。日本平安时代早期（相当于中国唐代），牵牛传入日本（在日本，牵牛被称为“朝颜”）。日本有一部书叫《平家纳经》，成书于平安时代末年的二条天皇长宽二年（1164年），其中已经比较准确地绘出了它的花和叶子。时至今日，牵牛已经成为日本最重要的栽培花卉之一，在东京每年七月的六、七、八这三天，都会举行传统的牵牛花花市。

# 西瓜原来是“稀瓜”

深蓝的天空中挂着一轮金黄的圆月，下面是海边的沙地，都种着一望无际的碧绿的西瓜，其间有一个十一二岁的少年，项带银圈，手捏一柄钢叉，向一匹猹尽力的刺去。那猹却将身一扭，反从他的胯下逃走了。

——鲁迅《少年闰土》

《少年闰土》节选自鲁迅先生的短篇小说《故乡》，标题是选入语文课本时编者加的。小说以“回故乡”为线索，集中笔墨写了闰土和杨二嫂两个人物，反映了辛亥革命前后农村破败、农民痛苦的现实，揭露了封建社会对劳苦大众的摧残。

《少年闰土》作为小说中一段回忆性的插叙，描写了一个聪明勇敢、见多识广的农村少年形象，尤其是闰土在一片碧绿的西瓜地里刺猹的情景，让人印象深刻。

**鲁迅先生曾在1929年5月4日给舒新城的信中说："'猹'字是我据乡下人所说的声音，生造出来的，.....现在想起来，也许是獾罴。"獾是一种小型哺乳动物，食性很杂，喜食植物茎叶。**

## 美食直通车

美食小地图

我的名字：西瓜

我的别称：寒瓜

美食坐标：去宁夏吃硒砂瓜、去海南吃"特小凤"、去山东吃"黑美人"。

我与地名那点儿事：俗话说："德州有三宝，扒鸡、西瓜、金丝枣。"德州西瓜里要数喇嘛瓜最为有名，堪称"瓜中之珍"，个大皮薄，甘美爽口。

立秋那天，许多户人家都会买上一个西瓜，对于祓（fú）秋的西瓜，再节俭的父母也不会怠慢。这一天，家里人都围着桌子吃西瓜，以期去除暑热，迎接秋天的到来。

### 西瓜，降暑之"神器"

据明代徐光启的《农政全书》记载："西瓜，种出西域，故名……"来自西域的瓜，因此叫"西瓜"。民间有一种说法，神农尝百草的时候，发现这种瓜，品尝后发现水多肉稀，因此以“稀瓜”为名，后来传着传着就变成“西瓜”了。还有一种说法，张骞出使西域时，将西瓜带了回来。不过西域在汉代是一个非常广泛的概念，狭义上指甘肃玉门关以西，葱岭（今帕米尔高原）以东，以及巴尔喀什湖、新疆广大地区；广义上指中亚、西亚等能通过狭义西域可到达的广阔地区。广西和江苏汉墓出土的西瓜籽，就是西瓜传入我国的佐证。

文献中有详细记载西瓜的是欧阳修撰写的《新五代史·四夷附录》，书中说有一个叫胡峤的县令，被迫留在契丹7年，这期间他在上京（今内蒙古赤峰）一带的平原见到过“西瓜”。契丹人向回纥人发动战争时得到了西瓜种子，并且改良了种植方法——“以牛粪覆棚而种”，种出的瓜味道可口，“大如中国冬瓜而味甘”。

南宋绍兴十三年（1143年），被金朝扣留15年的南宋使节洪皓南归，他将西瓜的种子带回南方，并在皇家苗圃里栽种，专供王公大臣食用。不过，很快种子便在民间传播开。后来南宋诗人范成大在开封城郊外看到了西瓜大规模种植的景象，便写下了“碧蔓凌霜卧软沙，年来处处食西瓜”的诗句。

到了明清时期，北京南部的大兴等地还专门设有为皇室进贡西瓜的瓜园，据说康熙皇帝为了在冬天也能吃到西瓜，还命人挑选优质种子送往台湾种植。

## 康熙帝盛赞的“瓜中之王”

西瓜耐旱不耐湿，适宜在干燥、温暖且光照强的环境里生长。我国作为世界上最大的西瓜产地，从南到北皆宜种植，各地的瓜还带有各自的风味。

山东是我国的农业大省，也是西瓜种植面积最大的地区之一，潍坊昌乐、安丘，济宁的泗水，临沂的沂水，菏泽的东明、单县等，皆为山东西瓜的主产地。山东西瓜，表面条纹清晰，皮薄汁水丰富，肉质脆嫩爽口，甜度极高。

作为瓜果之乡的新疆，冬冷夏热，全年降水量少，日照充足，适宜水果糖分的积累，这里的西瓜不仅个头大，而且味道极甜，瓜瓤又沙又脆。小时候听过这样一句形容新疆西瓜的谚语：“早穿皮袄午穿纱，围着火炉吃西瓜。”此情此景，简直也太幸福了！

宁夏西瓜曾被康熙称为“瓜中之王”，宁夏的种瓜历史距今已有1000多年，那里夏季炎热少雨，日光照射时间长，昼夜温差大，让糖分与维生素在瓜内短时间聚集。宁夏硒砂瓜呈椭圆形，个头大、瓜皮厚、果肉粉红、甜脆沙香，当地积极推广种植。

南方的西瓜“代表”也不少，如湖北宜城流水镇，被称为“湖北西瓜第一镇”；南宁苏圩镇也有“西瓜小镇”的美誉，以嫁接技术为主而进行种植；海南更是一年四季都能“吃瓜”，其中最为

出名的便是从台湾引进的“特小凤”，瓜肉呈金黄色。想必文天祥笔下《西瓜吟》中的“千点红樱桃，一团黄水晶”，描写的便是这种瓜吧。

俗话说，“夏日吃西瓜，药物不用抓”。暑夏最适宜吃西瓜，不但可使人们解暑热、发汗多，还可以给人体补充水分，堪称“盛夏之王”。将一个小西瓜对半切开，用勺挖着吃，先吃最甜的瓜心，再一勺一勺往外挖，一直吃到青绿的瓜皮。瓜皮别扔，刨掉表皮，腌渍一下，则是一道爽口凉菜。

## 知识杂货铺

**美食中的民俗** 祓——古代一种除灾驱邪的祭祀活动。每年立秋节气，江南地区流行吃西瓜、脆瓜等习俗，称为祓秋，据说有良好的消暑功效。

**美食中的特色** 硒砂瓜——被称为“石头缝里长出的西瓜”，主产于宁夏中卫环香山地区。人们把石炭系岩石碎片铺压在灰钙土壤上，可以提高地温、蓄水、保墒，砂石中还含有人体必需的锌、硒等微量元素，因此硒砂瓜甘甜如蜜，营养丰富。

## 传统文化故事馆

### 清宫御宴上的名菜——“西瓜盅”

西瓜历来被人们视为消暑佳品，慈禧太后对它也青睐有加。据说，当时北京庞各庄有专种西瓜的园子，很多经验丰富的老瓜把式（传统种瓜的行家）“奉旨种瓜”。每当西瓜成熟后，便一车一车地往宫里送。送瓜时，均由瓜农赶着车，太监押车，车上插着黄龙旗，一块绣着龙的大苫（shān）布把一车的西瓜盖得严严实实。

宫里有冰窖，专供皇宫降温防暑，西瓜被送进宫后暂时存储在一座四面封闭的殿堂内，里面放置了许多冰块降温冰镇。慈禧想吃西瓜了，再到这里来取。据说，她每天要吃数十个西瓜，为什么能吃这么多呢？原来慈禧只吃西瓜中间那一口极甜极沙的瓜瓤，其余部分一概不吃。

每到夏季，清宫御膳房必做“西瓜盅”，把西瓜瓤挖出，将切成丁的火腿、鸡肉、莲子、龙眼、核桃、松子仁、杏仁等装进去，重新盖好，隔水用文火炖两到三个小时即可。西瓜盅清醇鲜美，果味浓香，是慈禧太后和光绪皇帝都喜欢的一道清宫御宴上的名菜。

# “左右”人类味蕾的梅子

四时田园杂兴（其二十五）

［宋］范成大

梅子金黄杏子肥，麦花雪白菜花稀。
日长篱落无人过，惟有蜻蜓蛱蝶飞。

《四时田园杂兴》是南宋诗人范成大隐居家乡后写的一组大型田园诗，分为春日、晚春、夏日、秋日、冬日五部分，每部分十二首，共六十首。诗歌描写了不同季节的田园风光及农民生活，也反映了广大人民的悲惨遭遇和生活的困苦。

梅子作为生活中常见的一种水果，以其恰到好处的酸味赢得人们的青睐。中国古代杰出农学家贾思勰说，“梅实小而酸”，而

“杏实大而甜”。所选诗文的首句恰好包含这两种果子，范成大笔下描写的正是夏日梅子、杏子成熟的景象。诗中用梅子黄、杏子肥、麦花白、菜花稀写出了夏季南方农村景物的特点，有花有果，有色有形。

## 美食直通车

美食小地图

我的名字：梅子

我的别称：青梅

美食坐标：去浙江萧山吃青梅果、去云南洱源吃鲜梅果。

我与地名那点儿事：福建诏安青梅栽植历史，可上溯至明代中叶。它酸中带甜，富含果酸及维生素C，被誉为“凉果之王”，深受人们喜欢。

梅原产于我国南方，栽培历史悠久。梅子可以鲜食，可以制成梅子茶、梅子酒等，也可以制成果脯，还可以用作各种点心或菜肴的配料。

梅树，冬季开花，四五月结果，其果实未成熟时为青梅，成熟后为黄梅，青梅和黄梅都可以吃，一个酸得倒牙，一个酸甜软糯。春末夏初是梅子黄熟的时候，这期间江南之地连续下雨，空气潮湿，到处是湿漉漉的，衣物容易发霉，民间称为“梅雨”季。因此，南宋诗人赵师秀留下了“黄梅时节家家雨，青草池塘处处蛙”的诗句。

梅花是中国十大名花之首，冬季花木大都凋零，而梅花恰在风雪严寒中盛放。梅雪相映，成为萧瑟季节中一道亮丽的风景。梅与人的美好品质相联系，成为一种文化符号，如“遥知不是雪，为有暗香来”“无意苦争春，一任群芳妒。零落成泥碾作尘，只有香如故”“梅须逊雪三分白，雪却输梅一段香”“不经一番寒彻骨，怎得梅花扑鼻香”等，梅高洁的品格引得诗人竞相折腰。

### 青梅竟与爱情有关

梅花是一种文化符号，其果实青梅是一种文学意象。如“冰塘浅绿生芳草，枝上青梅小”“幽绪一晴无处著，戏打青梅”“青梅如豆，断送春归去”等，大都是借青梅表达或惆怅感伤或感叹时光易逝的复杂心绪。最著名的典故“青梅竹马”出自李白的诗句“郎骑竹马来，绕床弄青梅”，儿时天真无邪的男孩女孩，亲密无间地在一起游玩。诗中男女主人公长大后相恋又结为夫妇，后世遂以“青梅竹马”指男女从小亲密无间逐渐发展而来的爱情。自此，青梅被注入了爱情的内涵，象征纯洁美好的爱情。

梅子不仅在诗词中有姓名，在药膳中也颇有名气。东汉时期的药物名著《神农本草经》中就有青梅的记载，医圣张仲景的《伤寒杂病论》中记载，梅有止咳、止泻、止痛、止血、止渴的“五止”

作用，后来梅子传入日本，日本最早的医书《医心方》中已经有将青梅做成梅干的记载了。

梅子性味甘平，含有多种天然有机酸，能生津止渴、开胃消食、缓解疲劳，因此自古就备受青睐。到春秋战国时期出现了用梅子制成的蜜饯。当时的女子将秘制梅果送给心仪的男子，如《诗经·国风·摽有梅》中："摽有梅，其实七兮。求我庶士，迨其吉兮。"

青梅是古人常用来醒酒的果品，因为它可以解酒毒。饮酒时品梅是古人喜欢的初夏时令雅事。南朝的鲍照就写过："忆昔好饮酒，素盘进青梅。"

其实，青梅也能入酒。将其洗净，用牙签扎上几个小孔，放进广口玻璃瓶，撒上少许盐和冰糖，最后将白酒倒入，密封一段时间，就可以收获一罐青梅酒了。

到宋元时期出现了"话梅"这种蜜饯。这一时期话本小说盛行，据说当时的说书先生讲话的时间长了，口干舌燥，便含一颗盐渍梅子在口中，酸咸的味道刺激味蕾分泌唾液，这样就可以继续说下去了。

## 梅子，古代调味界的"大佬"

梅子还可以做菜。南宋宠臣张俊招待宋高宗的菜谱中即有梅肉饼儿、杂丝梅饼儿，是掺入青梅等果丝的面食。青梅也可与其他食材搭配，如明高濂《遵生八笺》所载，用盐炒青梅和大蒜，水煮

后浸泡七个月，再食用时便没有梅子的酸味和大蒜的辣味，是一道风味独特的腌菜。

到明清时期，梅子制成的酸梅汤受到了众人的喜爱。《红楼梦》第三十四回中，贾宝玉挨打后，只嚷干渴，要喝酸梅汤。正宗的酸梅汤是用上好的乌梅、桂花、山楂、陈皮、甘草等原料和冰糖一起熬制出来的，以前在北京哈德门（一般指崇文门）外，有老人常常手拿**冰盏**弄出声响来吸引人们注意，边走边卖。

梅子还是文人雅士的佐酒小品。陆游的《山家暮春》诗云：“苦笋先调酱，青梅小蘸盐。佳时幸无事，酒尽更须添。”可以看出，青梅可以蘸点盐，配酒吃。杨万里有诗：“雪藕新将削冰水，蔗霜只好点青梅。”可见青梅还可以蘸糖吃。古人在吃的方面，也真是花费心思啊。“青青梅子雨中肥”，梅子成熟的季节，我们姑且也学古人风雅一次吧。

## 知识杂货铺

**美食中的花卉** 中国十大名花——中国十大名花分别是：花中之魁——梅花，花中之王——牡丹花，凌霜绽妍——菊花，君子之花——兰花，花中皇后——月季花，繁花似锦——杜鹃花，花中娇客——茶花，水中芙蓉——荷花，十里飘香——桂花，凌波仙子——水仙花。

**美食中的器具** 冰盏——又名冰碗，是京味吆喝的工具。它是用铜制成的两个直径三四寸的小碗，敲打时夹在手的中指、无名指上，小指托住下面的碗底，不断挑动敲击碗，使碗碰撞发出清脆悦耳的铜音，是老北京卖冷饮、瓜果梨桃、各类干果专用的响器。

## 传统文化故事馆

### 梅子的赏玩文化

梅子以酸味著称，在食醋发明之前，是人们获取酸味最主要的食材和调味品，其地位几乎与盐相当。《尚书·说命》中载“若作和羹，尔惟盐梅”，盐和梅加得适当，就能做成五味调和的美味羹汤。

除了食用外，梅还具有很多赏玩功能。

梅花谢后，果实逐渐成熟，古人多以“青梅如豆”和“碧弹”“翠丸”来形容，诗歌中经常描写采摘把玩的情景。前文提到李白笔下的“郎骑竹马来，绕床弄青梅”，说的就是顽童摘玩梅子。唐代韩偓《中庭》中的“中庭自摘青梅子，先向钗头戴一双”，写的是女性以青梅插髻作为装饰。宋代梅尧臣《青梅》中的“梅叶未藏禽，梅子青可摘。江南小家女，手弄门前剧”，写的便是小家碧玉在门前把玩青梅。宋代陈克《菩萨蛮》中的“围坐赌青梅，困从双脸来”，写的是女孩们在窗下玩赌青梅的小游戏。最生动的情景莫过于宋词中的《点绛唇》：“和羞走，倚门回首，却把青梅嗅。”这写的是天真活泼的闺阁少女在遇见陌生人时表现出慌张、娇羞的动作和神情，给人留下生动美好的印象。

# 桑葚，两千多年前的御用补品

不必说碧绿的菜畦，光滑的石井栏，高大的皂荚树，紫红的桑椹；也不必说鸣蝉在树叶里长吟，肥胖的黄蜂伏在菜花上，轻捷的叫天子（云雀）忽然从草间直窜向云霄里去了。

——鲁迅《从百草园到三味书屋》

选文《从百草园到三味书屋》是鲁迅先生于1926年写的一篇回忆性散文，被收录在散文集《朝花夕拾》中。文章通过描述乐趣无穷的百草园和严厉的三味书屋，以充满童趣的自然笔触描绘了自己妙趣横生的童年世界。

桑椹，是桑树的果实，味甜汁多，是常见的水果之一，现多写作“桑葚”。我国是世界上种植桑树种类最多的国家，种类有鲁桑、白桑、广东桑、瑞穗桑等。野生桑种更多，有长穗桑、长果桑、黑桑、华桑等。民间有俗语“四月桑葚胜人参”，说的是桑葚含有丰富的营养成分，是一种保健功能很强的绿色食品。但桑葚不易保存，成熟后需尽快食用，可用蜜、糖腌渍保存，或晒干保存，不过还是新鲜水嫩的鲜桑葚最可口。

## 美食直通车

美食小地图

我的名字：桑葚

我的别称：桑椹子

美食坐标：去新疆吃白桑葚、去广东吃桑葚干。

我与地名那点儿事：新疆除了白桑，还有一种药桑，主产于和田、阿克苏等地，成熟时呈黑色，比一般桑葚稍大，味如杨梅。

每年四至六月的桑园里，密密麻麻的桑葚一团一团地垂挂着，青的还没成熟，红的也没成熟，只有黑紫的才是成熟的。这与《本草新编》里“紫者为第一，红者次之，青则不可用”的记载一致。

### 野果也有神奇功效

我国是世界上种桑养蚕最早的国家。在商朝，甲骨文中已经出现“桑”“蚕”等字；到了周朝，采桑养蚕是常见的农活；春秋战国时期，桑树的种植已成规模。

相传黄帝之妃嫘祖创造了养蚕缫丝的方法。蚕丝是熟蚕结茧时所分泌的丝液凝固而成的连续长纤维，是一种天然纤维。据考古发现，约在4700年前，中国已利用蚕丝制作丝线，编织丝带和简单的丝织品；商周时期，已开始用蚕丝织制罗、绫、纨、纱、绉、绮、锦、绣等丝织品。

晚唐诗人李商隐有诗云：“春蚕到死丝方尽，蜡炬成灰泪始干。”说的就是春蚕的一生吃的是桑叶，吐出来的是一缕缕洁白的蚕丝，它把一生的辛勤劳动都奉献给人类。

桑葚最早被人们当作野果采食，《诗经·卫风·氓》中就有“于嗟鸠兮，无食桑葚。于嗟女兮，无与士耽”的句子。

桑葚营养丰富，含有多种功能性成分，如芦丁、花青素、白黎芦醇等，具有良好的防癌、抗衰老、抗溃疡、抗病毒等作用，因此被称为“民间圣果”。早在2000多年前，桑葚就已经成为皇帝御用的滋补品。

相传有一次，刘邦在徐州被项羽打得丢盔弃甲、一败涂地，好不容易冲出重围，率十余骑仓皇而去，岂料前有高山挡路，后有追兵赶来，走投无路之际，一行人急匆匆躲进一个阴暗的山洞。项羽扬鞭纵马，追至洞前，见洞口蛛网密布，料定不会有人在其中，徘徊观望一阵，呼啸而去。刘邦躲过了一劫，却因惊怕过度，头痛头晕，天旋地转，腰酸腿软，痛苦不堪。好在当时身处的汉山（今安徽涡阳）桑林密布，所结桑葚盖压枝头。为渡难关，刘邦只得渴饮清泉，饥食桑葚。不料几日后，头痛头晕竟不治而愈，顿觉神清气爽，身体强劲有力。刘邦对桑葚的救命之恩念念不忘，之后命御医加蜜熬膏，常年服用以养生。

## 桑葚虽小，却能救命

《二十四孝》中有一则“拾葚异器”的故事。东汉时期的蔡顺，对母亲非常孝顺。当时，恰逢王莽起兵，烽火四起，又遇到灾荒，地里粮食歉收，人们都没法吃饱。蔡顺非常着急，只能去摘桑葚充饥。桑葚有红有黑，蔡顺用不同的器皿分别盛装着。这时，一名赤眉军正好路过，便问他为什么要这样做。蔡顺说：“那边黑甜的给母亲吃，这边红涩的给自己吃。”这名赤眉军一听，敬佩蔡顺是一个孝子，于是送给他一条牛腿、二斗白米以示敬意。

三国时期，兵荒马乱，州牧郡守拥兵割据，士兵缺少粮食时，常以桑叶、桑葚充饥。到了明代，桑叶、桑葚被载入《救荒本草》。

桑葚除了是口食，还可以做桑葚酒。将采摘的新鲜桑葚砍掉果柄，清洗干净后沥干，倒入广口玻璃瓶，再注入烧酒，密封一段时间后，即成营养丰富的桑葚酒。古人有在桑叶凋零之时取井水酿酒的习俗。明代人刘绩的《霏雪录》中说：“河东桑落坊有井，每至桑落时，取水酿酒甚美，故名**桑落酒**。”魏晋以来，文人雅士喜饮桑落酒。南北朝文学集大成者庾信曾在多首诗作中推崇桑落酒，如《就蒲州使君乞酒》：“蒲城桑叶落，灞岸菊花秋。愿持河朔饮，分劝东陵侯。”唐代“诗圣”杜甫在《九日杨奉先会白水崔明府》诗中赞美桑落酒：“坐开桑落酒，来把菊花枝。”

桑树作为一种意向，也大量出现在描写田园生活的作品中，如“五亩之宅，树之以桑，五十者可以衣帛矣”（《孟子》），“狗吠深巷中，鸡鸣桑树颠”（陶渊明《归园田居（其一）》），“沃田桑景晚，平野菜花春”（温庭筠《宿沣曲僧舍》），“开轩面场圃，把酒话桑麻”（孟浩然《过故人庄》），“去县百余里，桑麻青氛氲”（白居易《朱陈村》），“陌上柔条初破芽，东邻蚕种已生些”（辛弃疾《鹧鸪天》），等等。这些诗句，让我们领略了与世无争、恬静自然的乡村生活。

每到四五月份，暖风吹过，新生的桑叶青翠欲滴，随风轻摆，红得发紫的桑葚在叶下微微点头，似乎在诱惑着人们：个大、肉厚、汁水甜，初夏的滋味难道你不想尝尝吗？

## 知识杂货铺

**美食中的人物** 嫘祖——又名“累祖”，《山海经》中写作“雷祖”，中国远古时期的人物。她为西陵氏之女，轩辕黄帝的正妃。相传她发明了养蚕，史称“嫘祖始蚕”。

**美食中的名酒** 桑落酒——创于北魏末年，距今约有1500年的历史，味道独特，是我国传统名酒之一。桑落酒为清香大曲，酒质清香醇厚，入口绵甜，回味悠远，是传统清香型的上乘白酒。

## 传统文化故事馆

### 在传统文化中看桑树

我国种桑养蚕历史悠久，不仅在甲骨文中发现了“桑”字，在《山海经》《尚书》《淮南子》等古籍中也有对桑树的描述，很多出土的文物上也有桑树的形象。

桑树在古人心中有神圣的象征。《战国策》记载：“昔者尧见舜于草茅之中，席陇亩而荫庇桑，阴移而受天下传。”当年尧在桑树下把天下禅让给舜。而且，古人有在房前屋后栽种桑树和梓树的传统，因此常把“桑梓”指代故土、家乡。

因为桑树是我国古代人民较早种植的树种，所以生活中处处有着桑树的身影。《诗经·鄘风·桑中》：“期我乎桑中，要我乎上宫，送我乎淇之上矣。”这描写的便是青年男女在桑树林约会，后用“桑中”“桑间”专指约会的地方。古代男孩出生，要用桑木做成的弓和蓬梗做成的箭射向天、地、四方，象征孩子长大后有四方之志。这便是成语“桑弧蓬矢”，现多指男子志向远大。《淮南子》中记载：“日夕垂，景在树端，谓之桑榆。”其意思是说太阳落在西边的桑树、榆树之间，后用“桑榆”比喻晚年。《神仙传》中写仙人麻姑自称三次看见东海变成桑田，后用“沧海桑田”比喻世事变迁或人生短暂。

第四辑

# 至味在家乡

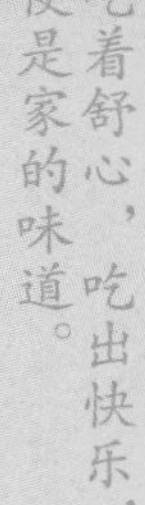

吃着舒心，吃出快乐，便是家的味道。

# 因慈禧太后出名的豌豆黄儿

她也笑了，坐在我身边，絮絮叨叨地说着："看完菊花，咱们就去'仿膳'，你小时候最爱吃那儿的豌豆黄儿……"

——史铁生《秋天的怀念》

史铁生是当代文坛非常特殊的一位作家，在这篇《秋天的怀念》中，他用细腻的笔触勾勒出一个伟大的母亲形象。从母亲嘴里，我们得知作者小时候很爱吃一种叫"豌豆黄儿"的美食。豌豆黄儿是北京的一种特色小吃，"豌豆"是其原材料，将豆子磨碎成粉，"黄"则是形容它的颜色。按老北京的叫法，"豌豆黄儿"必得带儿话音，一来显得纯正，是京城所独有；二来使人明白，"黄儿"是豌豆黄的核心之处；三来显得亲切，叫起来婉转柔和。

选段中所述的“仿膳”是位于北海公园内的仿膳饭庄。皇帝的饮食称为御膳。清王朝被推翻后，皇宫里的御厨流落民间，有些厨师开了饭馆，因为他们所做的菜式是仿照宫廷的御膳，因此称为“仿膳”。

## 美食直通车

美食小地图

我的名字：豌豆黄儿

美食坐标：想吃北京有名的豌豆黄儿，可去仿膳饭庄、护国寺小吃、姚记炒肝店。

我与地名那点儿事：豌豆黄儿是北京春夏季节一种应时佳品。旧时，从农历三月到五月，北京城的大小胡同都能看到推着独轮车的小贩在叫卖豌豆黄儿。

老北京有很多庙会，三月初三的**蟠桃庙会**是一年当中最早、最热闹的一场。庙会上，孩子们最感兴趣的一定是各色小吃：炸灌肠、豆腐脑、甑儿糕、蜜饯糖果……而甜而不腻、清爽可口的豌豆黄儿一定是最受欢迎的。

### 慈禧爱吃的小点心

北京的豌豆黄儿分民间和宫廷两种。

民间通常由小贩置于罩有湿蓝布的独轮车上去卖，用白豌豆去皮，以两倍于豌豆的水，将豌豆焖烂，然后放糖炒，再加入石膏水和熟枣搅拌均匀，放入大砂锅内，待其冷却、成坨后扣出来，切成菱形块，放上小片金糕装点。梁实秋在《雅舍谈吃》中描写得更为简单："制时未去皮，加红枣，切成三尖形矗立在案板上。"但是这种被称为"糙豌豆黄儿"的点心"实际上比铺子卖的较细的放在纸盒里的那种要有味得多"。

豌豆黄儿好吃与否，与豆泥的制作方法密切相关。人们可以联想到豆包中豆沙馅儿的制作，火候掌握是关键，北京人称之为"糗"。火候不够，水分大了，不能成形；火候过了，太干，成形的块儿容易干裂。

宫廷里则叫"细豌豆黄儿"，是清宫御膳房根据民间的糙豌豆黄儿精制而成的。它是将豌豆煮烂过筛成糊，加上白糖、桂花，凝固后切成两寸见方、不足半寸厚的小方块，上面放几片蜜糕，色味俱佳，更胜一筹。据说这种民间小吃之所以能成为御膳，与慈禧太后有关。

据说有一天，慈禧正坐在北海静心斋歇凉，忽听外面传来铜锣声和吆喝声，忙问身边太监这是在干什么。当值太监出去打探后回禀太后，是卖豌豆黄儿、芸豆卷儿的。慈禧一听这两种点心名字别致有趣，一时好奇，便传此人进园。来人见了慈禧太后，急忙跪下，双手捧着豌豆黄儿和芸豆卷儿敬请她品尝。慈禧尝罢，赞不绝口，并留此人在宫中，专为自己做这两样点心。

## 四月吃豆胜吃肉

豌豆古称“戎菽”。《管子》记载：“北伐山戎，出冬葱与戎菽，布之天下。”可见在2000多年前，豌豆就已在我国北方种植。《本草纲目》里有对豌豆的描写：“胡豆，豌豆也。其苗柔弱宛宛，故得豌名。种出胡戎，嫩时青色，老则斑麻，胡有胡、戎、青斑、麻累诸名。”俗话说：“三月香椿四月豆，四月吃豆胜过肉。”豌豆作为初春的蔬菜，剥了荚的豌豆，色泽宛如嫩玉，营养极其丰富。刚上市时，豆子瘦，可以连着豆荚一起吃，鲜甜可口；快落市时，由于豆子饱满，吃下去粉糯，淡口当饭吃才是一大乐事。

豌豆苗儿又被叫作“豌豆尖”“龙须菜”，是大自然赐予的人间美味。在有些地区，春雨过后，豌豆便开出淡紫色的小花，鲜嫩翠绿的豆苗格外诱人，采回家与鸡蛋液拌匀煎成蛋饼，鲜香美味。豌豆苗儿在江南格外受欢迎，扬州人在岁首的餐桌上必摆上一盘豌豆苗儿菜，以求新年岁岁平安。

初夏，豌豆已经长得饱满如碧玉珠一般，在明代就有“煮、炒皆佳，磨粉面甚白细腻”（《本草纲目》记载）等做法。它除了熬粥煮饭外，还可以包馅制糕，即豌豆糕。根据《中国历代御膳大观》里的记述，清初豌豆糕一经传入北京，便成了受欢迎的传统小吃——豌豆黄儿。另外，在乾隆皇帝早膳中也曾有“豌豆黄一品”的记载。

因为豌豆耐寒耐旱，自古便有“出胡地者大如杏仁”的说法，至今仍以晋北高寒地区种植的豌豆为最佳。豌豆糕在山西、河南、河北等地又被叫作“豆沙糕”或“澄沙糕”，由豌豆、栀子、柿饼制成。因为山西曲沃人喜食豌豆糕，所以豌豆促成了不少外来人的生意，便有这样的民谚流传：“来到曲沃县，住在大东关。抄弄一副担，赚点豆沙钱。”

## 知识杂货铺

**美食中的庙会** 蟠桃庙会——民间传说，农历三月初三是王母娘娘的生日。当天，王母娘娘会在瑶池举行盛大的“蟠桃宴会”。在《西游记》中，孙悟空因没有资格参加盛会，而大闹蟠桃会；卷帘大将（沙和尚）因打破了宴会上的琉璃盏而被罚入凡间。老百姓凑热闹，在这一天对王母娘娘进行祭祀，久而久之就成了庙会。

**美食中的民族** 山戎——以林中狩猎和放牧为主的游牧民族。据《史记·匈奴列传》记载：“唐虞以上有山戎、猃狁（xiǎnyǔn）、荤粥，居于北蛮。”在唐尧、虞舜的上古时期，就已有山戎一族，他们居住在中国北方。

## 传统文化故事馆

### 乾隆皇帝喜欢哪种御膳

皇帝作为封建王朝的最高统治者，每日的饮食必定是山珍海味，对于“吃货”们来说，很好奇御膳究竟是什么样的。我们就乾隆时期留存下来的御膳档案，看看乾隆皇帝到底喜欢吃什么。

乾隆很喜欢吃豆腐，几乎每天都会食用，如果哪天的御膳没有豆制品，他便会吩咐御厨再做一道豆制品菜肴。另外，乾隆多次下江南，因很喜欢南方菜式，所以有时遇到好厨子，就会直接带回宫里给自己做菜。比如受乾隆喜爱的御厨张东光，原来本是苏州织造府的官厨。乾隆多次出巡都会带上张东光，不但让他学习各地美食的做法，还要求他随时做好记录整理工作，随时编制新菜谱。

在历代帝王中，乾隆可以说是最爱吃火锅的一位。《魏书》记载，在三国时期，已出现用铜所制的火锅，但当时并不流行。到了清代，火锅涮肉已经成为宫廷的冬令佳肴。乾隆皇帝曾在宫中大摆“千叟宴”，全席共有火锅1500多个，应邀品尝者达5000余人，成了历史上最大的一次火锅盛宴。乾隆吃火锅的“花样”也很多，据1789年的御膳记载，开春了吃“炖酸菜锅”和“鹿筋鸭子锅”；初夏御膳房会准备“野蔬锅”和“山药鸭羹锅”；入秋便食用“燕窝葱椒鸭子锅”；到了冬天便大快朵颐，一顿饭连吃三种含有鸡、羊肉和口蘑的火锅。故宫博物院现在还珍藏着一套乾隆的御用银质火锅，整体由盖、锅、炉架、炉圈、炉盘、酒精碗六部分组成，锅底的火烧痕迹仍清晰可见。

# 南京“来”的北京烤鸭

罗大头：你干吗老跟着我？

克五：你带我瞅瞅鸭子，弄个鸭架桩也行。（贪婪地四处看着）福顺追上。

福顺：出去、出去，谁让你进来的？

克五：干什么你们？告诉你们，五爷而今是“闻香队”的！

罗大头：怪不得老在饭庄子门口转悠呢！（众哄笑）

——何冀平《天下第一楼》

**选文《天下第一楼》是作家何冀平创作的一部话剧。选段中提到的“罗大头”是福聚德技艺高超的烤鸭师傅，“福顺”是店里的学徒，也是堂头“常贵”的徒弟。堂头在餐饮业里是很重要的职位，相当于我们今天饭店的领班，主要负责迎客入座、介绍饭菜、**

送菜斟酒、口算结账等。“克五”是某位王爷的后代，曾是著名食客，标准的纨绔子弟，虽然落魄却对“吃”有着贵族式的执着。

据说“全聚德”是福聚德烤鸭店的原型。清末，前门外有家卖猪肉和鸡鸭熟食的小店，掌柜杨全仁见焖炉烤鸭生意好，便请到了御膳房包哈局专管烤肉的师傅孙小辫儿，另辟蹊径，专做挂炉烤鸭、烤猪。凭着这手绝技，“全聚德”成了享誉百年的名店，“逛故宫，吃烤鸭”也成了外宾来京必做的两件事。

## 美食直通车

美食小地图

我的名字：烤鸭

我的别称：炙鸭

美食坐标：去北京吃烤鸭、去南京吃烧鸭、去成都吃冒烤鸭。

我与地名那点儿事：相比其他烤鸭，芜湖红皮鸭子多了一道油炸的工序，将烤至七八成熟的鸭子，下热锅油炸，使得鸭子表皮更加酥脆，再淋上酱汁，别具风味。

北京烤鸭以色泽红艳、肉质细嫩、味道醇厚、肥而不腻的特色，赢得了各地食客的喜爱。烤鸭的原材料是北京鸭，是一种优质的肉食鸭。据说，北京鸭有几百年的历史，早期伴随明代迁都北上，漕运繁忙，船工携鸭捡拾散落稻米，将南方特有的小白鸭带到北京。久而久之，落户的小白鸭成为肉食鸭种。这种鸭子经过人工填喂，又称“北京填鸭”。填鸭的特点是鸭体美观，眼大凸出，鸭肉肥瘦分明。北京鸭以京西玉泉山养殖的为最佳。

## 炙鸭变烤鸭

鸭肉在中国历来被视为珍品，不但营养价值高，还有滋补身体的功效。《本草纲目》里记载，鸭肉有清热排毒、滋阴润燥、养肺养颜的功效。

中国人吃烤鸭可以追溯到南北朝时期，只是那时称为“炙鸭”或“烧鸭”。唐代也盛行吃炙鸭，唐人张鷟（zhuó）在笔记小说《朝野佥载》中就记录过，把鸭子和盛满酱醋的小盆放在一个特制的金属笼内，再把笼子放在烧得火热的炭盆上。鸭子在笼内又热又渴，就会吃小盆里的酱料汁。时间一长，鸭子的毛就被烧焦脱落，鸭子也被烤熟了，鸭皮酥脆，鸭肉入味。到了南宋，周密撰写的《武林旧事》和吴自牧撰写的《梦粱录》，都记载了临安（今浙江杭州）城内小贩沿街叫卖炙鸭的情景。

到了明万历年间，刘若愚所作的《酌中志》中详细记载了明代宫中的饮食情况，其中就已有“烧鸭”的记录。这被当作民间烤鸭传入宫廷的“证据”。

南京有句民谚："三天不吃鸭，脚下要打滑"。相传明太祖朱元璋就是食鸭的"重度爱好者"。御厨们为了讨好皇帝，就绞尽脑汁研究鸭子的制法，其中便有著名的焖炉烤鸭。

焖炉烤鸭的惊喜在于酸甜适口的红卤。南京人爱吃的卤汁是糖醋口味，烤鸭在卤汁的"加持"下，色香味全被激发出来——浸透卤汁的鸭肉，紧实有嚼劲，薄如纸的鸭皮附着其上，又脆又爽口。

## 深受欢迎的御膳

烤鸭的另一大流派——挂炉烤鸭，是清代以后才逐渐由普通膳食变成宫宴中必不可少的大菜的。

从清宫御膳记载中可以看出，康熙时期，帝后的御膳还沿用明代宫廷的饮食习惯，烤鹅与烤鸭并食。到了乾隆时期，御膳房设立了制作烧烤的"包哈局"，专为帝后做烤鸭、烤乳猪等美食。据说挂炉烤鸭便是由包哈局根据民间烤鸭和焖炉烤鸭的制作方法改进而成的。

御厨们参考皇帝祭祀时使用的贡炉，用砖垒起比一人还高的烤炉，改烧烟气更少的果木柴。填好的鸭子排列整齐地挂在砖炉内，肥硕的身躯由浅黄色变成枣红色，油光铮亮。

手法娴熟的片鸭师傅将鸭子的皮、肥瘦相间的肉和纯瘦的鸭肉分别片好，整齐地码在小瓷碟中。用薄薄的荷叶饼卷上两三片鸭肉，加少许葱丝以及蘸有甜面酱的黄瓜条，入口后，鸭肉的香、面酱的甜、葱丝的辛辣、黄瓜的清爽，一瞬间在唇齿间得到了最大的满足。

北京烤鸭，一定不能不吃鸭皮蘸糖。据说，大宅门里的太太小姐们不喜欢吃葱，却喜欢将又酥又脆的鸭皮蘸一些细细的白糖来吃，这是她们开创的另一种吃法。此后，全聚德的跑堂见到有女客点烤鸭，必上一小碟白糖。填鸭的皮脂厚，鸭皮经过高温烤制，散发着诱人的油光，蘸上白糖后咀嚼，伴着牙齿与糖粒、鸭皮摩擦的咯吱声，脂香涌入口鼻，白糖在唇齿间化开。

吃完鸭肉与鸭皮，最后便是吃鸭架。北京的烤鸭店通常会为顾客提供两种选择：一种是制成鸭架汤，将鸭架放进高压锅内熬煮至奶白色，鸭子的骨髓已经融进汤里，营养丰富，味道鲜美；另一种是剔除肥油，用小火慢煸至骨酥，撒上椒盐、辣椒面，制成椒盐鸭架。

## 谁能拒绝一只烤鸭呢

吃北京烤鸭，吃的就是肥，梁实秋在《雅舍谈吃》中写过一个有趣的片段：

> 有人到北平吃烤鸭，归来盛道其美，我问他好在哪里，他说："有皮，有肉，没有油。"我告诉他："你还没有吃过北平烤鸭。"

确实，天南地北的游客来到北京，不吃上一只正宗的北京烤鸭，就像"不到长城非好汉"一样，都不算来过北京。

云南也有烤鸭。相传明初年间，傅友德率大军平定云南时，把自己的家厨李海英也带了过去。李海英在南京号称"李烧鸭"，烤得一手好鸭子。后来傅友德被太祖所杀，李海英闻讯不敢回京，便在宜良隐姓埋名经营起烧鸭生意。宜良烤鸭在烤制时在鸭腹内灌葱姜水，祛除了鸭子的腥气，还保持了外焦里嫩的口感。

成都的冒烤鸭，将北京烤鸭的皮脆肉嫩和四川冒菜的鲜辣相结合。烤鸭在卤汁中不断冒热气，丰盈多汁，鲜香四溢。

广式烧鸭皮脆、肉嫩、骨香，肥而不腻，与米饭堪称绝配。热腾腾的白饭，摆上烫青菜、烧鸭块，浇上汤汁，一口下去，滋味醇厚。

中国人讲究五味调和，每城每地都有自己对味道的深刻理解。鸭子作为高蛋白、低脂肪、低胆固醇的优质食材，也被不同地域的人们赋予了不同的滋味。

## 知识杂货铺

**美食中的山泉** 玉泉山——位于北京海淀区西山山麓，颐和园西侧。相传乾隆为验证此山泉水质，令人取各大名泉水样与之比较。用银斗称量后发现，与济南珍珠泉、无锡惠山泉、杭州虎跑泉等名泉水相比，唯有玉泉水每斗质量为一两，水轻质优，醇厚甘甜。因此乾隆为玉泉题字“玉泉趵突”。

**美食中的历史** 包哈局——“包哈”是满语，有肴膳之意，专为皇家做满式席肴。我国历代封建王朝都设有御膳机构，以清王朝来说，光禄寺就是“国家大厨房”，其下设有寿膳房、寿茶房、御膳房、野筵房等。御膳房还设有荤局、素局、饭局、点心局、包哈局等。

**美食中的地理** 北平——北京的旧称。“北平”二字，最早源于战国时燕国的右北平郡。明洪武元年（1368年），明太祖朱元璋将大都更名为北平府，取“北方安宁平定”之意。后明成祖朱棣于永乐元年（1403年）改北平为北京，并于永乐十九年（1421年）迁都北京。

## 传统文化故事馆

### 600年老字号“便宜坊”是怎么来的

老字号烤鸭店“便宜坊”经营的焖炉烤鸭是北京烤鸭的两大流派之一（另一派为挂炉烤鸭）。其特点是皮酥肉嫩，在烤制过程中鸭子不见明火，保证了鸭皮上无杂质。焖炉烤鸭是烤鸭之正宗，据说明永乐年间，是由一位王姓商人从南京带到北京的。“便宜坊”这家小吃店以焖炉烤制鸡鸭食品为主，做工精致，物美价廉。

“便宜坊”字号蕴含“方便宜人，物超所值”的经营理念，这个老字号店名是怎么来的呢？这还要回到近500年前的明代。

明嘉靖三十年（1551年），上疏弹劾奸相严嵩的兵部武选司员外郎杨继盛，因反被严嵩诬陷而郁结难平，就到街上散心。他走到米市胡同时，忽闻香气扑鼻，便循着气味来到一家小吃店。他点了招牌烤鸭和几道小菜，自斟自饮，美味的烤鸭早已冲淡了心中的烦闷。他心中略感畅快，便问掌柜：“此店何名？”掌柜躬身拱手道：“小店叫便宜坊。”杨继盛一听，感叹道：“此店真乃方便宜人，物超所值。”他让掌柜取来纸墨笔砚，大笔一挥写下“便宜坊”三个大字。掌柜送走杨继盛后，赶忙请人制作了一块匾额，挂在二楼的门厅之上。据说，至今“便宜坊”旧址二楼的门庭上还留有挂过匾额的痕迹。

“便宜坊”的大厨们擅长烹饪鲁菜，名品多达上百种。另外，“便宜坊”还充分利用鸭子身上的各个部位，烹制出口味不同、造型各异的全鸭菜，并在此基础上发展成全鸭宴。

# 贵族餐桌上的羊肉
# 是如何成为家宴上的名菜的

也不知怎的，就进了蒙古包。奶茶倒上了，奶豆腐摆上了，主客都盘腿坐下，谁都有礼貌，谁都又那么亲热，一点儿不拘束。不大一会儿，好客的主人端进来大盘的手抓羊肉。干部向我们敬酒，七十岁的老翁向我们敬酒。我们回敬，主人再举杯，我们再回敬。

——老舍《草原》

选文《草原》是现代作家老舍创作的一篇散文，它主要描绘了草原风光、喜迎远客、主客联欢三幅画卷，表达了对大草原的喜爱之情。除此之外，作者对内蒙古的美食也有部分描写。香醇的奶茶、乳香浓郁的奶豆腐，还有大盘的手抓羊肉，让人垂涎三尺。

手抓羊肉，蒙古语是“乌兰伊德”，其最简单的制作方法是将带骨的羊肉按骨节拆开，放在大锅里用原汁煮熟。吃的时候一手抓着羊骨，一手拿着蒙古刀剔下羊肉，蘸着调好的酱汁或作料吃。到草原观光旅行，一定要吃一顿手抓羊肉，领略草原美食的风情。

## 美食直通车

美食小地图

我的名字：手抓羊肉

我的别称：手把羊肉

美食坐标：去北京吃涮羊肉、去陕西吃羊肉泡馍、去青海吃黄焖羊肉。

我与地名那点儿事：手把羊肉是内蒙古著名的民族传统菜。因羊肉块大，就餐时须用手撕而食，故得名。

手抓羊肉，有近千年的历史，是我国蒙古族、藏族、回族、哈萨克族、维吾尔族等少数民族喜爱的传统食物。

### 无与伦比的手抓羊肉

手抓羊肉为什么能成为驰名全国的名菜呢？据说，很多年前，一位东乡族人在甘肃临夏的一条陋巷里挂出了“东乡手抓羊肉”的招牌。一时间，羊肉香味飘到四邻八乡，旋即风靡兰州、西宁、银川、乌鲁木齐、呼和浩特等各大城市，人们都以一尝风味为幸事。

汪曾祺曾在内蒙古品尝过现宰杀后烹制的手把羊肉，赞不绝口："在我一生中吃过的各种做法的羊肉中，我以为手把羊肉第一。如果要我给它一个评语，我将毫不犹豫地说：'无与伦比！'"

烹制手抓羊肉像演一场大戏。先把肋条肉剁成大块，下锅煮至半熟，滤去浮沫。取辣椒，切碎。取洋葱，一半切碎，一半切片。将肉块摆放盘中，上铺洋葱片，撒少许精盐，入笼蒸，蒸熟取出。滗（bì）汤，汤入炒勺，上火烧开，撒洋葱末、辣椒末、胡椒粉、盐，调好味浇在肉上，便可请客人享用了。吃肉时，或用手抓、撕而食，或用刀割而食。

手抓羊肉，可以热吃，切片后，上笼蒸热蘸三合油；可以冷吃，切片后直接蘸精盐；也可以煎吃，用平底锅煎热，边煎边吃，肥而不腻，油润肉酥。

## 羊肉，平民眼中的"奢侈品"

早在4000多年前，我们的祖先就驯化了羊，使其成为"六畜"之一。先秦时期，羊肉比较金贵，吃羊肉成了一种尊贵身份的象征。南北朝时期，大量少数民族进入中原，羊肉的食用开始普及，《洛阳伽蓝记》中称"羊者是陆产之最"。

到了宋代，羊肉逐渐统治了贵族人们的餐桌。《宋史·仁宗本纪》里记载，"宫中夜饥，思膳烧羊"，说宋仁宗夜里感觉饥饿，想吃烧羊。另外，宋仁宗别出心裁，还将羊肉充作官员俸禄。当时，民间同样也将羊肉视作珍贵食材。据说苏轼被贬到惠州时，没

钱买羊肉，便请杀羊人将没人要的羊脊骨留给他。回家后他将羊脊骨煮熟，用酒浇在骨头上，加少许盐，用火烘烤，等骨肉烤焦后食用。苏轼在羊脊骨间摘剔碎肉，自称犹如吃海鲜大餐一般美味。

## 古代吉祥的“代言人”

羊在古时还是祭祀的重要食品，在周朝专门设有管理羊牲的官职——“羊人”。《礼记·王制》记载：“天子社稷皆大牢，诸侯社稷皆少牢。”其中，“大牢”，亦称“太牢”，是以牛、羊、猪三牲为祭品，一般是天子祭祀社神和谷神时所用。“少牢”稍逊，即以羊、猪二牲为祭品，是诸侯祭祀社神和谷神时所用。“羊”还被古人赋予了很多美好的寓意，古文字里的美、鲜、羡等字，字形都源于羊。《说文解字》记载：“羊，祥也。”秦汉金石中多以羊为“祥”，“吉祥”写作“吉羊”。

因为寓意美好，旧时汉族民间有“送羊”的风俗。豫北冀南一带的农村，每年农历五月十三，舅舅要给外甥送“羊”。“羊”是一种面食，用面粉加工而成，也叫“面羊”。

广州别称“羊城”。据说，周夷王时期，有五个仙人骑着口衔六串谷穗的五只羊，降临楚庭（广州古名），仙人们将谷穗赠予人们，祝福这里永无饥荒。仙人们言毕隐去，羊化为石。如今，越秀山公园矗立着一座高11米的五羊石雕，闻名海内外。

## “吃货”李渔：羊肉虽好，却别贪嘴

仲夏到初冬，是草茂羊肥的黄金季节。此时，倘有贵客来到，热情好客的牧民会走到羊群，挑选一只膘肥肉嫩的羊来招待客人。只需喝三碗奶茶的时间，一大盘层层叠叠、热气腾腾的手抓羊肉就上桌了。

不过，羊肉是大补之物，中医认为羊肉能媲美人参、黄芪，却也不能多食。清人李渔在《闲情偶寄》中介绍，如果一百斤的羊，宰割下来的肉大约有五十斤，煮熟后只剩二十余斤，因为折损最多，也最能饱腹。据说，古时秦国以西的游牧民族，每日只吃一顿饭也不饿，就是吃羊肉的缘故。所以，吃羊肉一定不可吃得太饱，以免伤害脾胃。

## 知识杂货铺

**美食中的动物** “六畜”——早在远古时期，先民们就将马、牛、羊、鸡、猪、狗六种动物进行饲养驯化。经过漫长的时间，这六种动物成为家畜，谓之“六畜”。南宋王应麟编写的《三字经》中有：“马牛羊，鸡犬豕，此六畜，人所饲。”

**美食中的民俗** “送羊”——民间传说。沉香打败二郎神劈开华山救母后，想要找二郎神报仇。沉香的母亲三圣母竭力劝解，沉香看在母亲的面子上答应饶二郎神一命，但前提是必须每年送来一对活羊（与“杨”谐音）。二郎神答应了沉香的条件，第二天就送去两只羊。送羊的这一天刚好是农历五月十三，所以就有了五月十三“送羊”的风俗。

## 传统文化故事馆

### 一军之帅为何败给一碗羊肉

成语“各自为政”，意思是各自按自己的主张办事，互相不配合。这个成语的诞生，竟然是因为一碗羊肉，并且背后还有一个不可思议的故事。故事主人公是春秋时期宋国的统帅华元与他的车夫羊斟。

华元是宋国公族，官至右师，掌握国政，一人之下，万人之上。

宋文公在位时，郑国公子归生接受楚国命令攻打宋国。宋文公派华元、乐吕带兵抵御。华元在与郑军开战前，杀羊犒赏士兵。羊肉在当时是很珍贵的食材，但是他漏掉了自己的车夫羊斟。羊斟因为没有吃到羊肉羹汁，所以怨恨华元。等到两军交战时，羊斟不听指挥，驱车直冲入郑军军中，边驾车边说：“前天分羊，是你做主；今天打仗，是我做主。”郑军很快便活捉了华元。宋军一看主帅被俘，便阵脚大乱，自然溃不成军，乐吕也被杀死了。

没想到因为一碗遗漏的羊肉羹，一军主帅被俘，宋国战败，还死伤了许多士兵，真是可笑可叹。

# 葡萄为何如此受帝王的“专宠”

课本 舌尖上的 KEBEN

葡萄种在山坡的梯田上。茂密的枝叶向四面展开，就像搭起了一个个绿色的凉棚。到了秋季，葡萄一大串一大串地挂在绿叶底下，有红的、白的、紫的、暗红的、淡绿的，五光十色，美丽极了。要是这时候你到葡萄沟去，热情好客的维吾尔族老乡，准会摘下最甜的葡萄，让你吃个够。

——权宽浮《葡萄沟》

选文《葡萄沟》是现代文学作家权宽浮的一篇文章，现被收入在小学语文课本二年级下册。本文形象介绍了葡萄沟的风土人情。

葡萄沟是吐鲁番火焰山下的一处峡谷，新疆有一首民谣：“吐鲁番的葡萄哈密的瓜，库尔勒的香梨人人夸，叶城的石榴顶呱呱。”民谣道出了新疆有名的四个水果之乡，吐鲁番独居榜首。这里地处我国西北内陆地区，冬冷夏热，降雨量少，日照充足，但高山冰雪消融，能为农作物输送宝贵的水资源。因为这些得天独厚的条件，瓜果的储糖量非常高，葡萄因此才这么甜。在吐鲁番晒葡萄干有独特的荫房，通常荫房建在1至2米高的土台上，用砖块砌成孔墙，既能保证通风条件，又避免阳光直射，可以缩短葡萄干的晾制时间。在荫房里阴干的葡萄颜色为绿色，人们称之为“绿珍珠”。盛产葡萄的葡萄沟，还是一个国家5A级风景区，夏季，这里风景优美，凉风习习，每年都有几十万游客来这里观光旅游。

## 美食直通车

**美食小地图**

我的名字：葡萄

我的别称：蒲陶

美食坐标：去吐鲁番吃“无核白”、去宣化吃“牛奶葡萄”、去敦煌吃“红地球”。

我与地名那点儿事：辽宁的辽中葡萄皮薄汁多，酸甜味美。相传皇太极在盛京（今辽宁沈阳）时，每年中秋与文武百官赏月时，辽中葡萄都是必备的果品。

乡下人的院子里，大多种着葡萄树。到了盛夏，葡萄架子成了天然的遮阴篷，孩子们在下面做游戏，妇女们在下面做针线活儿。

葡萄成熟时，空气中飘着清甜的果香味。主人当然不会吝啬自家种的葡萄，剪几串下来，招待低头不见抬头见的邻居们。最有意思的是农历七月七这天晚上，妇人们停下手中的针线活儿，敛声静气，还把食指竖在嘴唇上，发出“嘘”的一声，示意小孩子不要说话，因为她们要在葡萄树下偷听牛郎织女说话呢。

### 普通人吃不起的异域奇珍

中国栽培葡萄已有2000多年历史，相传为汉使张骞从西域传入中原。古代丝绸之路开通后，葡萄是最先传入中原的作物之一。《史记·大宛列传》中记载：“汉使取其实来，于是天子始种苜蓿、蒲陶肥饶地……”可见汉武帝很喜欢吃葡萄，还命人研究、种植葡萄。

不过直到东汉，葡萄都是异域奇珍，普通人是品尝不到的。据《太平御览》记载，东汉末年扶风（今属陕西）人孟佗曾献给大太监张让一斛葡萄酒。张让非常高兴，便封孟佗为凉州刺史。有人推算，当时的“一斛”等于现在的100升。用100升葡萄酒“换”得封疆大吏的官职，足见当时葡萄酒的珍贵程度。因此，葡萄酒被视为“珍异之物”，只有皇帝及心腹重臣才能享用。

### 唐代饭店里就有卖葡萄酒的

到了唐代，唐太宗也喜欢吃葡萄。《太平御览》里记载，唐太宗李世民派人将从西域得来的战利品——葡萄种子悉心栽种，收成后酿成美酒，君臣共饮。关于葡萄酒，唐代诗人王翰作过一首脍炙人口的《凉州词》：“葡萄美酒夜光杯，欲饮琵琶马上催。醉卧沙场君莫笑，古来征战几人回？”诗人刘禹锡也曾写诗称赞葡萄酒的醇美：“自言我晋人，种此如种玉。酿之成美酒，令人饮不足。”当时，还有不少外国人在长安开设饭店，出售葡萄酒。

除了酿成美酒，葡萄还能制成葡萄干，酸酸甜甜，健脾和胃。葡萄干的食用历史可以追溯到南北朝时期。据《太平广记》记载，在南朝梁国大同年间（535—546年），高昌国（今吐鲁番）曾派使者向梁武帝进贡葡萄干。之后，考古工作者还在吐鲁番的唐墓中发现了葡萄干。

提到葡萄，不得不提吐鲁番。小时候学课文《葡萄沟》时，一边吞咽口水，一边幻想着又大又圆的吐鲁番葡萄在唇齿间爆开的滋味。作为我国最早种植葡萄的地区，吐鲁番葡萄的味道堪称一绝：“无核白”被称为“中国珍珠绿”，皮薄、糖分高，最适宜制成葡萄干；“马奶子”皮薄肉厚，甘甜爽口；红葡萄肉质脆嫩，酸甜可口。

山西清徐栽种葡萄的历史可上溯到2000多年前。汉代时，清徐马峪边山一带有一位姓王的皮货商人，从大西北贩皮货，带回葡萄枝条，并在当地栽植成功。之后，栽培渐广，清徐人还根据酿醋的原理酿出了葡萄酒。清徐葡萄经过上千年的改良，果粒较密，含糖量高，是制作葡萄酒的上好原料。

除了上述这些名品，还有安徽萧县的玫瑰香和白羽、湖南怀化的黑珍珠、贵州的息烽……鲜葡萄颜值高、味道美，葡萄酒香醇浓郁，葡萄干营养丰富、味道香甜。依稀记得，儿时学说绕口令——“吃葡萄不吐葡萄皮，不吃葡萄倒吐葡萄皮”，一开始，舌头打结，怎么也说不顺，后来慢慢顺了，便越说越快，仿佛葡萄的甜味已浮现于舌尖上了。

## 知识杂货铺

**美食中的节日** 农历七月七——也称七夕。《西京杂记》中有载：“汉彩女常以七月七日穿七孔针于开襟楼，俱以习之。”这是我国古代文献中关于乞巧的最早记载。这一节日为古人最为喜庆的节日之一，节日风俗也在民间经久不衰，代代延续。

**美食中的器具** 夜光杯——用玉雕琢的名贵饮酒器皿。早在周穆王时期，西域的一个小国便送上了晶莹剔透的玉石酒杯，周穆王十分高兴，还下令奖赏了使节。杯中盛满美酒，在月光下，波光粼粼，光彩熠熠，夜光杯也因此得名。

## 传统文化故事馆

### 古人有多爱葡萄酒，从诗中就能看出来

在唐代，葡萄酒的制造工艺较为纯熟，葡萄美酒便成了文人墨客们不可缺少的“知己”。

“酒仙”李白尤爱酒后作诗，他的诗《对酒》中给予葡萄酒高度赞美：“蒲萄酒，金叵罗，吴姬十五细马驮。”除此之外，李白还有一首《襄阳歌》，在诗中幻想自己每天可以豪饮三百杯葡萄酒：“鸬鹚杓，鹦鹉杯，百年三万六千日，一日须倾三百杯。遥看汉水鸭头绿，恰似蒲萄初酦醅。”

白居易也喜欢饮葡萄酒，在《寄献北都留守裴令公》就有“羌管吹杨柳，燕姬酌蒲萄”的诗句。原来在1000多年前的唐代，诗人们宴饮时最快活的事：一是听少数民族的乐器演奏《杨柳》，二是喝葡萄酒。

到了北宋，葡萄酒的产量下滑，因为葡萄的主产区大部分落入契丹人手中，葡萄酒变得尤为珍贵。苏轼在《老饕赋》中写道：“引南海之玻黎，酌凉州之蒲萄。”只有珍贵的南海玻璃制成的酒杯，才能盛凉州出产的葡萄美酒。

到了南宋，临安（今浙江杭州）已经很难见到葡萄酒了。陆游在《夜寒与客烧干柴取暖戏作》中写道：“如倾潋潋蒲萄酒，似拥重重貂鼠裘。”他将葡萄酒与貂鼠裘相提并论，可见其名贵与稀缺。

# 品尝新青稞时为何要先“敬”狗

一路上，老班长带我们走一阵歇一阵。到了宿营地，他就到处去找野菜，和着青稞面给我们做饭。不到半个月，两袋青稞面吃完了。饥饿威胁着我们。老班长到处找野菜，挖草根，可是光吃这些东西怎么行呢？

——杨旭《金色的鱼钩》

选文《金色的鱼钩》是作家杨旭的一篇作品，其发生地是松潘草原，是红军长征“翻雪山，过草地”中的草原。文章描述了关心同志、舍己为人的老班长，将最后的食物留给战士，自己忍饥挨饿最终牺牲的故事。作者用朴实的语言，将一个感人的故事娓娓道来，歌颂了老班长舍己为人的革命精神，表达了对老班长的深切怀念。

松潘草原属安多藏族聚居区，所以出发时班长背着两袋青稞面。青稞是大麦的一种，又称裸大麦、元麦。青稞面是由青稞磨成的面粉，是藏族地区人们的主食。科学家们追根溯源发现，青稞还是中原大麦的祖先，它主要生长在高海拔的青藏高原地区。特殊的地理位置、生态环境和气候条件，使得青稞比其他麦类的营养成分多、医用功效更好。

## 美食直通车

美食小地图

我的名字：青稞

我的别称：裸大麦

美食坐标：去青藏高原吃香甜的青稞饼、酥香的青稞焜锅，饮醇香的青稞酒（青少年不可饮酒）。

我与地名那点儿事：酒，是藏族饮食中的一大元素，藏语称为“羌”，特指青稞酒。藏语“松珍夏达”，即“三口一杯”，简洁地表达了藏族的酒礼。

北方多产小麦，主食为面食；南方盛产水稻，主食为米饭；青藏地区出产青稞，主食为糌粑。

### 青稞与狗的渊源

青稞已有3000多年的种植历史。藏族人们认为它是天神所赐。民间流传着许多有关青稞种子来历的神话、传说和歌谣，其中有一则神话故事流传最广。据说很久很久以前，有一位名叫阿初的王子，他为了人们的温饱，从蛇王那里盗来青稞种子，结果被蛇王发现，蛇王用法术将他变成了一只狗。后来大土司的女儿爱上了善良勇敢的王子，纯洁无私的爱使他又变回了人身。人们在王子的带领下，辛勤播种青稞，到了收获的季节，终于吃上了青稞糌粑，喝到了醇香的青稞酒。每年收完青稞，人们在品尝新青稞磨成的糌粑时，总是先捏一团糌粑喂狗，以表达对狗给人们带来青稞种子的感激。因此，藏族人们在过新年、青稞尝新时有先"敬"狗的习俗，并且不打杀狗、不食狗肉。

## 逢年过节的吉祥物品

藏族人们每日都要吃糌粑，即青稞炒面，糌粑是炒面的藏语音译。糌粑与我们北方的炒面有点相似，但北方的炒面是将麦粒先磨成面粉后再炒，而西藏的糌粑是先炒后磨，不除皮。糌粑的制作有两道工序：一是炒青稞，二是磨糌粑。对于拉萨河两岸及整个农区的人们来说，制作糌粑是一件大事，一年分夏、秋两次。一家人先将够食用半年的青稞驮到村里的炒房。在铁锅里放入细沙，等细沙烧热后倒入青稞麦粒，不断翻炒。当一颗颗青稞在锅里爆裂开花后，用铁筛将细沙除去，剩下的就是白花花的熟青稞了。青稞炒好后，下一道工序是磨细。磨出来的青稞面粉就是糌粑。

如果你到藏族同胞家做客，主人一定会双手端来喷香的酥油茶和糌粑。吃糌粑时，在碗里放上一些酥油，冲入热茶水，加点糌粑面，用手指紧贴碗边将其压入茶水中，待糌粑、热茶水和酥油拌匀，能用手捏成团，就可以食用了，这就是藏族人们常说的“捰”糌粑。糌粑吃法简单，携带方便，很适合游牧民族食用。牧民们出远门时腰间总要挂一个糌粑口袋，饿了，就从口袋里抓糌粑吃。有时，他们从怀里掏出一个木碗，装些糌粑，倒点酥油茶，加点盐，搅拌几下，边喝酥油茶，边手抓糌粑吃。

逢年过节，藏族人们常用糌粑来绘图，以示吉祥。祭神或转经时都要往桑炉里撒些糌粑，尤其是婚礼和庆典结束时，场地中间煨上一堆桑，人们围成一圈，每人捏一把糌粑，祈神三遍后兴高采烈地将糌粑抛向高处，顿时一片吉祥的白雾弥散开来。藏族过藏历新年时，家家户户都要在藏式柜上摆一个叫“竹索琪玛”的吉祥木斗，斗内放满青稞、糌粑和卓玛（人参果）等。邻居或亲戚朋友来拜年时，主人便端出“竹索琪玛”，客人用手抓起一点糌粑，向空中连撒三次，再抓一点放进嘴里，然后说一句“扎西德勒”（藏语，意为吉祥如意），以表示祝福。

### 文成公主改良的青稞酒

青稞生命力顽强，从颜色上可分为白青稞、黑青稞、墨绿色青稞等种类，具有丰富的营养价值和药用价值。据藏医典籍《晶珠本草》记载，青稞作为一种重要药物，可用于治疗多种疾病。

除糌粑外，青稞面粉还能做很多食品，如青稞面条、饼干、烙饼、糕点等。另外，青稞还是一种优质饲料，营养丰富，在谷物类饲料中的地位仅次于玉米。

青稞跟江南的稻米一样，还能酿酒。青稞酒清香醇厚、绵甜爽净，饮后头不痛、口不渴，是藏族人们最喜欢喝的酒，也是逢年过节、结婚、生孩子、迎送亲友必不可少的东西。史书记载，公元7世纪，唐代文成公主从长安远嫁吐蕃，把汉地先进的酿酒技术传到了藏地。将青稞用热水淘洗干净、煮熟，冷却后拌入酒曲，装进酒坛，保持温度，两三天后待其发酵，青稞酒就酿制成功了。初次滤出来的是“头道酒”，醇厚绵长，“二道酒”略具酒味，一般用以解渴。经过1300多年的历史变迁，以青稞酒为载体的藏族酒文化，在藏族地区乃至全国享有盛誉。

糌粑团团，香醇美酒，这都是高原青稞的馈赠啊！

## 知识杂货铺

**美食中的烹饪** 炒面——又叫炒面粉，将适量面粉直接倒进锅中，无须放油，但需要不停地用铲子翻炒以防煳锅。面粉炒至微微发黄后，便能闻到一阵焦香，这时放一点糖和熟芝麻，再翻炒一会儿就可以出锅了。吃的时候只需用热水冲开，还可以加一些干果或牛奶，既可以当早饭，又可以做下午茶。

**美食中的人物** 文成公主——唐代宗室女，唐贞观十四年（640年），唐太宗李世民封李氏为文成公主；贞观十五年（641

年）文成公主远嫁吐蕃，成为吐蕃赞普松赞干布的王后。松赞干布专门为文成公主修筑了布达拉宫。文成公主将汉民族的文化传播到西藏，为当地的经济、文化等长足发展作出贡献。

## 传统文化故事馆

### 糌粑的“黄金搭档”——酥油

藏族有句谚语：“没有骏马的草原不美，没有酥油的糌粑不香。”酥油，作为藏族人民主要的食用油脂，打酥油茶、揉糌粑都离不开它。

酥油的来历十分有趣。据史料记载，文成公主入藏时，带去了内地的茶叶，而且她将牛奶制成乳酪，还从牛奶中提取了酥油，有了茶和酥油，才有了酥油茶。酥油古称“醍醐”，元代才开始叫酥油。《唐本草》中说：“醍醐出酥中，乃酥之精液也。好酥一石，有三四升醍醐……”元代宫廷食医在《饮膳正要》中记述：“取净牛你（同‘奶’）子，不住手用阿赤打，取浮凝者为马思哥油，今亦云白酥油。”

提取酥油有专门的工具桶，桶里有一个连杆木柄，倒入牛奶，盖上桶盖后，连续上下抽动连杆木柄数百次，黄澄澄的酥油块就会浮在上面。把酥油块用手捏成坨，挤去水分，放入清水中泡一会儿，酥油就可以食用或保存了。或者将新鲜牛奶在锅中煮沸，倒进皮袋中吹胀，扎紧口，用力摇荡，使水分与油脂分离，然后倒入盆中澄清，油脂就会浮起，再用手捏去水分即可。

酥油的主要成分是脂肪，富含蛋白质和多种维生素，营养价值高。因为长期食用酥油，藏族人们身强体壮，御寒能力强。

# 《兰亭集序》中大家喝的竟是绍兴黄酒

课本 舌尖上的 KEBEN

外面的短衣主顾，虽然容易说话，但唠唠叨叨缠夹不清的也很不少。他们往往要亲眼看着黄酒从坛子里舀出，看过壶子底里有水没有，又亲看将壶子放在热水里，然后放心：在这严重监督之下，羼水也很为难。

——鲁迅《孔乙己》

选文《孔乙己》是鲁迅创作的短篇小说，文章描写了孔乙己在封建腐朽思想和科举制度的影响下，变得迂腐、麻木、穷困潦倒，最后被社会所吞噬的悲惨形象，揭示了封建制度对人的摧残。选段中的“短衣主顾”是与孔乙己这类“穿长衫”的顾客相对的，是指穿着短衣衫靠出卖苦力为生的劳动人民。所以这些不富裕的人，非常仔细地看着饭店伙计装酒、烫酒，生怕往里面掺水，这一细节被

描写得格外真实。

黄酒的酿造历史悠久。在3000多年前的商周时代，中国人独创了酒曲复式发酵法，开始大量酿制黄酒。很多人把黄酒归为南酒，也就有了“南黄北白”的说法。其实，黄酒才是与葡萄酒、啤酒并称的世界三大古酒，是东方酿造业的代表。

## 美食直通车

美食小地图

我的名字：黄酒

我的别称：老酒

美食坐标：去九江饮封缸酒、去绍兴饮老酒、去无锡饮惠泉酒（青少年不可饮酒）。

我与地名那点儿事：从前绍兴每户人家生下婴孩后，都会将一坛花雕酒埋在地下。如果是男婴，酒名为“状元红”，希望他高中状元；如果是女婴，则为“女儿红”，待出嫁之日迎宾所用。

年末光景，农家开始准备原材料，邀请酿酒师傅上门。在发酵的过程中，酿酒师傅要综合考量气温、米质、酒酿、麦曲性能等多种因素，因为只有这样才有把握酿制出一缸好酒。酿制酒既可自家饮用，也可招待客人，或婚嫁喜宴用之，或祭奠先祖用之。在几千年的文明史中，酒不仅渗透到社会生活中的各个领域，还形成丰富多彩的酒文化。

## 魏晋时期，风雅集会的必备品

黄酒作为中国最古老的饮用酒之一，营养价值很高，含有21种氨基酸，其中有8种是人体自身不能合成的，适量饮用有益于身体健康，因此黄酒被称为“液体蛋糕”。

绍兴黄酒是江南黄酒的代表，生产历史非常悠久。据文献记载，春秋战国时期绍兴酿酒业已很普遍。它色泽橙黄柔和，味道醇厚甘润，除了制作原材料之一大米的精白度要高、颗粒要圆润饱满外，酿酒的水源也大有讲究。东汉永和五年（140年），会稽太守马臻发动民众围堤筑成“鉴湖”，将会稽山的山泉聚集湖内，从而为绍兴的酿酒业提供了优质、丰沛的水源。魏晋时期，绍兴名士云集，酿酒、饮酒之风大盛。比如，兰亭雅集便是王羲之、谢安、孙绰等40余人在兰亭举行的一次集会。我们课本里学过的《兰亭集序》便是王羲之为众人在此次集会中所写的作品集结后作的序。

南北朝时期，绍兴产的黄酒被列为贡品。梁元帝萧绎在其所著《金楼子》一书中记载，他幼时读书，“有银瓯一枚，贮山阴甜酒”。唐宋时期，绍兴酒酿造技艺进入全面发展阶段，并成为天下闻名的“酒乡”。

## 勾践复国中的重要角色

越王勾践卧薪尝胆的故事在中国家喻户晓，酒在雪耻复国中扮演了重要角色。

话说，被吴王夫差打败的越王勾践，回到越国后把增加人口当作头等大事来抓，采取奖励生育的措施。女子十七不嫁，父母有罪。男子二十不娶，父母有罪。生男孩，奖两壶酒，一犬；生女孩，奖两壶酒，一豚。这就是“壶酒兴国”的典故。

《吕氏春秋》还载有越王勾践“投醪劳师”的故事。公元前473年，越王勾践在会稽山下“十年生聚，十年教训”后，等来了报仇雪耻的机会。彼时，勾践趁吴王在黄池召开诸侯大会，他把百姓赠送的美酒倒入一条小河之中，号令全体将士一起迎流共饮，以激励将士。于是将士士气振奋，信心百倍，最终打败了吴国，史称“投醪劳师”。“醪”，古时为带糟的浊酒，即后来的米酒，是绍兴黄酒的前身。绍兴城内至今尚有“投醪河”遗址。

## 酒文化的代言人

黄酒产地较广，品种很多。除了绍兴黄酒，还有九江封缸酒、即墨老酒、福建老酒、无锡惠泉酒、江阴黑杜酒等，安徽、江苏、湖南、河南、广东、湖北、陕西等省也都出产黄酒。比如湖北房陵黄酒，早在西周时期已成为“封疆御酒”；又如无锡惠泉酒，曹雪芹把它写进了《红楼梦》；再如江苏白蒲黄酒，1993年获得东京第五届国际酒饮品博览会金奖等。因此在这片人文荟萃的中华大地上，出现了李白、杜甫、白居易、杜牧、苏轼等酒文化名人，留下了许多脍炙人口的诗句：

“对酒当歌，人生几何。”

“明月几时有，把酒问青天。”

“劝君更尽一杯酒，西出阳关无故人。”

“五花马，千金裘，呼儿将出换美酒，与尔同销万古愁。”

## 知识杂货铺

**美食中的文学** 兰亭雅集——东晋永和九年（353年）三月初三上巳节，时任会稽内史的右军将军、大书法家王羲之，召集众多贤才于会稽山阴的兰亭举办了首次兰亭雅集。谢安、孙绰、王凝之、王徽之等名士皆前去参加。雅集的基本内容有修禊、曲水流觞、饮酒赋诗、制序和挥毫作书等。

**美食中的名酒** 惠泉酒——无锡惠山泉相传经中国唐代陆羽亲品其味，故被称为“陆子泉”，后经乾隆御封为“天下第二泉”。从元代开始，用惠山泉酿造的糯米酒，称为“惠泉酒”，其味清醇，经久不变。在明代，惠泉酒已名闻天下。到清代，惠泉酒更成为贡品。苏州织造李煦等人向皇上进贡的物品中，就有“泉酒”（即惠泉酒）。

## 传统文化故事馆

### 靠喝酒出名的刘伶

刘伶，魏晋时期名士，“竹林七贤”之一，他嗜酒不羁，被称为“醉侯”。与嵇康等人相比，刘伶的外貌要逊色得多，《晋书》说他“身长六尺，容貌甚陋”，而使他名声大噪的是爱喝酒。

刘伶不但爱酒，还酗酒。据《晋书》记载，刘伶只要口渴，便想让妻子给他准备美酒，但是过量饮酒毕竟伤身，他的妻子就把酒都倒掉，把酒杯、酒坛都毁坏了，哭着劝说他：“你这样过量饮酒，会损毁身体健康，一定要戒酒才行！”

可戒酒哪有那么容易！于是刘伶想出一个解馋的办法，他装作痛改前非的模样，对妻子说：“既然我意志薄弱，不能戒酒，不如向神明祷告许愿吧，用发誓来戒酒瘾，你去准备祭祀用的酒肉吧。”于是，妻子将酒肉供在神像前，请刘伶去祷告发誓。没想到刘伶跪着说：“酒就是我刘伶的命，喝上五斗百病尽除，我家妻子妇人之言，神明千万不能听！”说着他就拿起酒肉，大吃大喝起来，并很快就醉倒了。

戒酒失败后，刘伶更加放浪形骸，妻子也懒得再去管他了。泰始二年（266年），朝廷派特使征召刘伶再次入朝为官。魏晋是一个动乱的时代，出于对现实的不满，刘伶等名士不愿做官，于是不得不佯狂而放纵。听说朝廷特使已到村口，为了避祸，他赶紧把自己灌得酩酊大醉，然后脱光衣衫，朝村口裸奔而去。特使看到刘伶后觉得他是一个酒疯子，气得甩手便走。刘伶最终一生不再出仕，老死家中。

刘伶在生活中不拘礼法，以饮酒为乐，甚至达到了“病酒”的境地，世以刘伶为蔑视礼法、纵酒避世的典型。

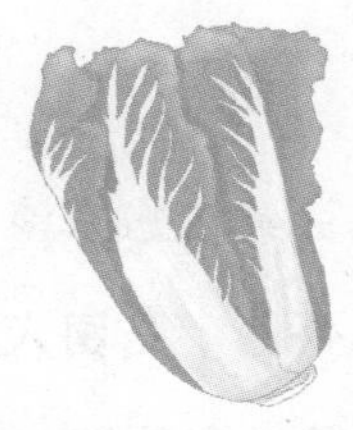

# 白菜的原名居然叫“菘”

大概是物以希为贵罢。北京的白菜运往浙江，便用红头绳系住菜根，倒挂在水果店头，尊为“胶菜”；福建野生着的芦荟，一到北京就请进温室，且美其名曰“龙舌兰”。我到仙台也颇受了这样的优待，不但学校不收学费，几个职员还为我的食宿操心。

——鲁迅《藤野先生》

《藤野先生》选自鲁迅的散文集《朝花夕拾》，这是一篇记录作者在日本仙台留学生活的文章，文中主要讲述了担任解剖学教授的藤野先生对自己的关心以及自己弃医从文的原因，多年后再想起往事，无不充满对藤野先生的怀念。

选段中的“胶菜”便是山东胶州出产的大白菜，有“帮嫩薄、汤乳白、味甜鲜、纤维少、营养高”的特点。胶州大白菜的种植已有1000多年的历史，唐代时享有盛誉，后传入日本、朝鲜，被尊为

"唐菜"。1875年，胶州大白菜在东京博览会上展出，被评为优质产品，从此名扬国内外，现今除了是国人喜闻乐见的蔬菜，也出口韩国、日本、欧盟及东南亚国家和地区。

## 美食直通车

美食小地图

我的名字：白菜

我的别称：菘

美食坐标：去上海吃蟹黄扒津白、去四川吃开水白菜、去东北吃炖酸菜。

我与地名那点儿事：芥末墩儿是北京传统风味小菜，其主料为大白菜。尤其是过年的时候，吃得油腻，芥末墩儿清爽、利口，颇受老北京人喜爱。

没想到我们饭桌上常见的大白菜竟然有"菘"这样一个古老而动听的名字，宋代陆佃《埤雅》云："菘性凌冬不凋，四时长见，有松之操，故其字会意。"更没想到白菜在中国的栽培历史已有几千年——有新石器时期的西安半坡村遗址出土的白菜籽为证。

在北方，有"冬日白菜美如笋"之说。大白菜可是北方秋冬季节不可或缺的佳肴，可炒食、可做汤、可腌渍、可凉拌。

梁实秋先生在《雅舍谈吃》一书中有一篇文章《菜包》，专门描写北方的白菜："在北平，白菜一年四季无缺，到了冬初便有推小车子的小贩，一车车的白菜沿街叫卖。普通人家都是整车地买，留置过冬。"

对于北方人来说，囤了大白菜，才算过冬。普通人家囤白菜都是以"百斤"为单位的，毕竟一棵绿油油的白菜就有小十斤。

## 酸白菜在古人心中有多重要

北方的冬天又长又冷，酸菜是能让人开胃御寒的美食，只要提到这两个字，便能让人口舌生津。酸菜古称"菹（zū）"，据《周礼·天官·醢（hǎi）人》记载："凡祭祀……以五齐、七醢、七菹、三臡（ní）实之。"东汉许慎《说文解字》解释，"菹，酢菜也"，酢菜即酸菜。北魏的《齐民要术》详细介绍了用白菜等原料腌渍酸菜的多种方法。由此可见，中国酸菜的历史颇为悠久。

酸菜作为开胃菜，可分为东北酸菜、四川酸菜、贵州酸菜、云南酸菜等。腌渍酸菜需将白菜外部的叶子剥去，清洗干净，放入坛子内加开水发酵，一个星期后就能食用了。

## 苏轼：白菜可与熊掌媲美

白菜属于十字花科，含有丰富的维生素、膳食纤维和抗氧化物质。古人很早就知道将白菜作为药膳食用了，据《本草纲目》记载，白菜可以"通利肠胃，……消食下气，治瘴气，止热气嗽，……和中，利大小便"。

虽说一年四季都能吃到大白菜，但是古人认为经过霜打后的白菜才好吃。“初春早韭，秋末晚菘”，说的就是吃韭菜要吃初春的，白菜还是晚秋的好吃。范成大在《冬日田园杂兴》中曾这样描写：“拨雪挑来塌地菘，味如蜜藕更肥浓。朱门肉食无风味，只作寻常菜把供。”他认为白菜比蜜藕更甜、更鲜美。苏轼更是赞叹：“白菘类羔豚，冒土出蹯掌。”他将白菜与羊羔肉和熊掌相媲美。

一入冬，铜锅便被北方人抬上餐桌，所涮之物以羊肉、粉丝、豆腐、白菜为主。白菜绝对是蔬菜中的主角，经过铜锅的炖煮，白菜吸足了肉汁的味道，清甜中多了几分醇厚的鲜美。北京人还有一种“奢侈”的吃法——芝麻酱拌白菜，它还有一个雅称，即“乾隆白菜”。据说是乾隆皇帝微服私访的时候，在一家不起眼的小馆子里吃过之后，赞不绝口，后经相传，便被命名为“乾隆白菜”。

南方人也爱吃白菜，不过南方人把白菜叫作胶菜。大白菜里里外外都是宝，连做菜切下的白菜帮子也可以榨成汁，既可以加冰糖饮用，也可以在包饺子的时候用来和面。榨汁剩下的渣滓还能物尽其用，捣碎敷在脸上，有清热、解毒、消炎的功效。

古人食用白菜的历史可以追溯到几千年前，直至今天它仍然是饭桌上常见的蔬菜。对于中国人来说，白菜不仅是一种蔬菜，更是一种割舍不掉的情怀。

## 知识杂货铺

**美食中的民俗** **祭祀**——《周礼·天官·醢人》中记载祭祀的时候要准备“五齐”“七醢”“七菹”和“三臡”。“五齐”，是按照清浊程度分出来的五种酒；“七醢”，是由七种鱼或肉制成的酱；“七菹”，是七种腌制的蔬菜；“三臡”，是三种带骨头的肉酱。

**美食中的器具** **铜锅**——用铜制造的生活用品，在我国已有几千年的历史了。火锅的起源今尚无定论，但在江西南昌新建区大塘坪乡西汉海昏侯墓出土了中国目前发现最早的铜火锅。三国时期出现了五熟釜，一只铜质的锅内分为五格，每格放有不同味道的汤料，以方便涮煮不同的食物。到了唐代，已有铜质的暖锅。元代，火锅大为兴盛，其中的“生爨（cuàn）羊”即今天涮羊肉的前身。

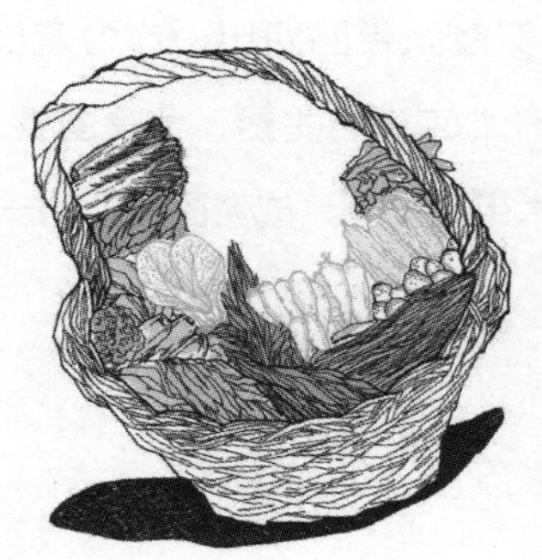

## 传统文化故事馆

### 从御膳房走向国宴的“开水白菜”

印象中川菜以辣为主，其实还有很多清淡鲜香的菜品，如从御膳发展为国宴名菜的开水白菜，便是四川的传统名菜。

据说开水白菜由川菜名厨黄敬临首创，是慈禧太后非常喜欢的一道川菜。黄敬临当御厨时，不少人说川菜无非“又麻又辣”，为了反驳这种观点，他苦思冥想制作了这道“开水白菜”。

看菜名似乎朴实无华，实则功夫都在“开水”上。这里的“开水”是指清鸡汤，需要用老母鸡、老母鸭、火腿、排骨、干贝等食材煮沸后去杂质，加入料酒、葱蒜等调味品，炖上数个小时，再将鸡胸肉剁成肉蓉，搭配鲜汤搅成粥状，最后将杂质过滤干净，反复几次后原本浑浊的鸡汤便会如开水般清冽，香味却被保留在汤汁中。白菜要精选微微发黄的嫩菜心，开水微焯后用清水漂冷，然后用“开水”淋至烫熟，再将烫好的菜心铺至钵中，浇上新鲜的鸡汤，一道“开水白菜”就大功告成了。

后来，黄敬临将此菜制法带回四川，广为流传。1954年，川菜大师罗国荣调至北京，任北京饭店主厨，负责国宴工作，于是他又将“开水白菜”的烹调技术带到北京，成为国宴上的一道精品名菜。

# 杨梅竟然是被“驯化”的食物

雨季的果子，是杨梅。卖杨梅的都是苗族女孩子，戴一顶小花帽子，穿着扳尖的绣了满帮花的鞋，坐在人家阶石的一角，不时吆喝一声：“卖杨梅——”……昆明的杨梅很大，有一个乒乓球那样大，颜色黑红黑红的，叫作“火炭梅”。这个名字起得真好，真是像一球烧得炽红的火炭！一点都不酸！我吃过苏州洞庭山的杨梅、井冈山的杨梅，好像都比不上昆明的火炭梅。

——汪曾祺《昆明的雨》

《昆明的雨》是我国当代作家汪曾祺创作的一篇抒情散文，他在散文中写风俗、谈文化、忆旧闻、寄乡情，花鸟鱼虫，瓜果食物，无所不有。读他的文章，就像与一位性情和蔼、见识广博的长者交谈。话语虽然平常，但很有趣味。如选段中对昆明杨梅的描写，除了写杨梅的外形和味道，还将笔墨分给了卖杨梅的苗族女孩子。不过在汪曾祺笔下，娇俏可爱的苗族女孩都成了紫黑色小果子的陪衬，这倒显得杨梅娇嫩水灵极了。

有人还拿杨梅的酸爽与酸菜媲美，龚自珍就写过这样的诗句：“杭州梅舌酸复甜，有笋名曰虎爪尖。芼以苏州小橄榄，可敌北方冬菘腌。”杨梅真是让人想起就唇齿生津的果子，因为酸甜才是它的风味。

## 美食直通车

美食小地图

我的名字：杨梅

我的别称：圣生梅

美食坐标：去温州吃丁岙梅、去潮阳吃乌酥核、去杭州吃大炭梅。

我与地名那点儿事：荸荠种杨梅为我国著名良种，原产余姚，因果实成熟时呈紫黑色似荸荠而得名。现已推广到南方各省区，贵州称“科技杨梅”，江西称“杂交杨梅”，云南称“大树杨梅”。

夏至前后，摊贩挑着盛满杨梅的割草篮走街串巷，吆喝声在屋前屋后高一声低一声地飘荡着。

一个个如乒乓球般大小的杨梅，红得发黑，黑得发亮，篮子

表面点缀着几片碧绿的杨梅叶子，甚是新鲜好看。

## 西施与白杨梅的传说

杨梅原产中国浙江余姚。1973年，余姚境内发掘新石器时代的河姆渡遗址时发现杨梅属花粉，这说明在7000多年以前该地区就有杨梅生长。

野生杨梅果肉少，味道酸涩，但是古人懂得“驯化”食物，我们常吃到的杨梅品种多是由浙江、江西、福建等当地的野生杨梅经过多年“驯化”而长成的。我国杨梅品种众多，除了常在市场上见到的杨梅外，还有白杨梅、青杨梅等。

白杨梅是杨梅中的精品。相传2000多年前，越国大夫范蠡帮助勾践打败吴国后，决定隐居山野。他带着西施来到余姚牟山湖旁的湖西岙（ào）。这里山清水秀，果树满坡，范蠡和西施安身此地。初到山野，还来不及开垦种植，只能上山采摘野果充饥。正值夏至，山上果子不少，可惜酸得倒牙，西施吃得皱起眉头，范蠡疼惜，但苦于没有改变野果酸味的好办法，便发疯似地摇着一棵果树，摇得手都流出鲜血。这时，西施闻声上山，看到范蠡殷红的鲜血顺着手往下流，失声痛哭，泪珠滴在被鲜血染红的果实上。可能是虔诚的范蠡和西施感动了上苍，西施的泪珠和范蠡的鲜血把野果一下子染得白里透红，变成了西山白杨梅。

虽然这只是一个美丽的传说，但白杨梅确实色美味甘，《五杂俎》里记载，太湖沿岸产的白杨梅是“甘美胜常”。

## 在苏轼心里，荔枝都不如杨梅

到了每年5月，云南的杨梅就上市了。汪曾祺在《昆明的果品》中写道："昆明杨梅名火炭梅，极大极甜，颜色黑紫，正如炽炭。卖杨梅的苗族女孩常用鲜绿的树叶衬着，炎炎熠熠，数十步外，摄人眼目。"这种色紫近黑的火炭梅其实就是乌杨梅的一种，这种杨梅的特点就是个头大、汁水甜、口感好。

江苏也是乌杨梅的盛产地，尤以太湖沿岸为最佳。《姑苏志》中记载："吴中佳品，味不减闽之蒸枝。""蒸枝"便是荔枝，将二者比较的话，杨梅的甘美不输荔枝。苏轼曾言道："日啖荔枝三百颗，不辞长作岭南人。"等他尝过杨梅的味道后，他又发出了这样的感叹："闽广荔枝，西凉葡萄，未若吴越杨梅。"看来苏轼也对吴越杨梅大加推崇。

说到闽南杨梅，就不得不提及福建的浮宫镇。据史料记载，当地人在南宋年间就开始种植杨梅，已有700多年的历史。浮宫杨梅色泽红润发紫、果大、汁多、味甜，到了立夏时分，真如同陆游笔下描绘的情景一样，"绿阴翳翳连山市，丹实累累照路隅"。

明代文人、农学家王象晋认为，杨梅"会稽产者为天下冠"，此句一出，便奠定了浙江在我国众多杨梅产地中的特殊地位。浙江杨梅的种植面积和产量居中国首位，比较有名的便是荸荠种杨梅，其果形圆整、肉质细软、味甜核小、果汁液多；仙居杨梅也别具风味，甜度高、果肉厚、口感佳，真不愧为“仙果”。

从“夏至杨梅满山红”到“小暑杨梅要出虫”的谚语看，杨梅的兴盛不过半月光景。错过了，只能再等一年。好在杨梅还可以烧酒。吃不完的杨梅浸在烧酒里，尽情释放自己，一段时间后，烧酒变红了，杨梅变润了，烧酒带甜味了，杨梅带酒味了。杨梅酒既可消暑，又可解腻。

## 知识杂货铺

**美食中的地理** 岙——中国浙江、福建等沿海一带称山间平地为岙（多用于地名），如“薛岙”（浙江省地名）。

**美食中的历史** 会稽——古代郡名，因会稽山而得名。关于“会稽”的来历，《史记》记载，因为夏禹在江南召集诸侯考核功绩的时候去世了，就被葬在此处，人们便称此处为“会稽”，借指天子论功行赏。

## 传统文化故事馆

### 杨梅、荔枝，文人更爱哪个

要是说到杨梅和荔枝这两种六月里上市的水果，谁更受欢迎，那岭南人和江南人能吵得昏天黑地。但要论名气，杨梅比不过荔枝，毕竟荔枝背后有杨贵妃“一骑红尘妃子笑，无人知是荔枝来”的故事，还有各大“网红”文人的盛赞。而且，据不完全统计，在30万首古诗词中，写荔枝的数量是杨梅的两倍多。耳熟能详的除了杜牧的《过华清宫》和苏轼的《食荔枝》外，欧阳修写过熟透的红荔枝——“五岭麦秋残，荔子初丹”，黄庭坚赞过荔枝果肉的玉雪洁白——“忆昔谪巴蛮，荔子亲攀。冰肌照映柘枝冠”，白居易写荔枝的香甜——“嚼疑天上味，嗅异世间香”，等等。

不过，也有很多文人常拿杨梅与荔枝进行比较，试图扭转杨梅“不如”荔枝的局面，如陈允平的“若使汉宫知此味，又添飞驿上长安”，韩淲的“不似荔枝生处远，恨薰风”，杨万里的“梅出稽山世少双，情知风味胜他杨”，张镃的“驿骑不供妃子笑，冰姿犹胜荔枝红”，等等。

其实，杨梅与荔枝自古以来都是人们喜爱的水果，文人乐于为它们挥洒笔墨，至于哪个更胜一筹，在品尝美味面前还重要吗？